1+X
职业技能等级证书
系列教材

WPS
办公应用项目化教程
（中级）

组　编　北京金山办公软件股份有限公司

主　编　何小苑　林若波

中国教育出版传媒集团
高等教育出版社·北京

内容提要

　　本书为 1+X 职业技能等级证书系列教材之一，依据《WPS 办公应用职业技能等级标准》编写，参照职业技能等级标准对能力和素养的各项要求，以企业实际项目为导向，采用项目—任务的编写模式，将教学内容和职业技能紧密结合，由浅入深、循序渐进，详细介绍 WPS 办公软件及其应用，主要包括长文档管理、交互式多媒体演示文稿制作、表格数据处理、云文档应用 4 个项目，每个项目由若干个任务组成，并配有相应的任务测试和任务验收，以巩固所学知识和操作技能。

　　本书配有微课视频、课程标准、授课计划、授课用 PPT、案例素材、习题库等数字化资源。与本书配套的数字课程在"智慧职教"平台（www.icve.com.cn）上线，学习者可登录平台在线学习，授课教师可调用本课程构建符合自身教学特色的 SPOC 课程，详见"智慧职教"服务指南。授课教师如需获得本书配套教辅资源，请登录"高等教育出版社产品信息检索系统"（xuanshu.hep.com.cn）搜索下载，首次使用本系统的用户，请先进行注册并完成教师资格认证。

　　本书可作为 WPS 办公应用 1+X 职业技能等级证书的中级认证相关教学和培训教材，也可作为职业院校各专业"信息技术"或"计算机应用基础"公共基础课程的教材，还可作为全国计算机等级考试二级WPS Office 高级应用与设计考试及各类培训班的教材。

图书在版编目（CIP）数据

WPS 办公应用项目化教程：中级 / 北京金山办公软件股份有限公司组编；何小苑，林若波主编 . -- 北京：高等教育出版社，2024.8（2025.5重印）.
ISBN 978-7-04-062535-6

I . TP317.1

中国国家版本馆 CIP 数据核字第 2024YH2775 号

WPS Bangong Yingyong Xiangmuhua Jiaocheng （Zhongji）

策划编辑	吴鸣飞	责任编辑　吴鸣飞	封面设计　王　鹏	版式设计　杨　树
责任绘图	杨伟露	责任校对　马鑫蕊	责任印制　赵　佳	

出版发行	高等教育出版社	网　　址	http://www.hep.edu.cn
社　　址	北京市西城区德外大街 4 号		http://www.hep.com.cn
邮政编码	100120	网上订购	http://www.hepmall.com.cn
印　　刷	人卫印务（北京）有限公司		http://www.hepmall.com
开　　本	787mm×1092mm　1/16		http://www.hepmall.cn
印　　张	17.5		
字　　数	380 千字	版　　次	2024 年 8 月第 1 版
购书热线	010-58581118	印　　次	2025 年 5 月第 3 次印刷
咨询电话	400-810-0598	定　　价	49.50 元

本书如有缺页、倒页、脱页等质量问题，请到所购图书销售部门联系调换
版权所有　侵权必究
物 料 号　62535-00

"智慧职教"服务指南

"智慧职教"（www.icve.com.cn）是由高等教育出版社建设和运营的职业教育数字教学资源共建共享平台和在线课程教学服务平台，与教材配套课程相关的部分包括资源库平台、职教云平台和 App 等。用户通过平台注册，登录即可使用该平台。

- **资源库平台：为学习者提供本教材配套课程及资源的浏览服务。**

登录"智慧职教"平台，在首页搜索框中搜索"WPS 办公应用项目化教程（中级）"，找到对应作者主持的课程，加入课程参加学习，即可浏览课程资源。

- **职教云平台：帮助任课教师对本教材配套课程进行引用、修改，再发布为个性化课程（SPOC）。**

1. 登录职教云平台，在首页单击"新增课程"按钮，根据提示设置要构建的个性化课程的基本信息。

2. 进入课程编辑页面设置教学班级后，在"教学管理"的"教学设计"中"导入"教材配套课程，可根据教学需要进行修改，再发布为个性化课程。

- **App：帮助任课教师和学生基于新构建的个性化课程开展线上线下混合式、智能化教与学。**

1. 在应用市场搜索"智慧职教 icve"App，下载安装。

2. 登录 App，任课教师指导学生加入个性化课程，并利用 App 提供的各类功能，开展课前、课中、课后的教学互动，构建智慧课堂。

"智慧职教"使用帮助及常见问题解答请访问 help.icve.com.cn。

编　委　会

序 一

作为一个比这本书所有目标读者或者"用户"都要年长许多的"程序员",作为WPS软件这个已经有超过30年历史的产品的最初缔造者,我很惊讶于本书是专门给中国职业教育的学生群体准备的——这首先是一种巨大的进步。

对于如今的"90后""00后"甚至"10后"来说,操作一台智能设备(不管是手机还是平板电脑抑或笔记本电脑,甚至家里的智能音箱和扫地机器人)是一件十分自然且相当容易的事情,然而这一切仅仅发生在刚刚过去的5~8年。

假如时间回到30年前,就我所知,当时的书店里最火爆的正是各类WPS相关的培训书籍,甚至一度出现"学电脑就是学WPS"的盛况。但不可否认的是,即便那时候几乎所有中国的计算机里都装有WPS,但能有机会接触计算机,能学会并最终有机会使用WPS进行办公的人,其实在数以亿计的人群中,寥寥无几。

所以事实上,稍微对照过去二三十年发生在中国的持续不断的技术浪潮和产业革新,我们就能觉察到技术进步尤其是软件技术的进步,正在大大解构和改造我们所处的世界——而其价值之一,就是技术随着时间日益"普惠",直白地说,就是技术帮助到越来越多的人,技术从精英和高知群体不断渗透到整个社会,渗透到每一个普通人。

从这个意义上看,今天的WPS才算真正做到了可以运行在每一台计算机或者智能设备上。而这正是我们在当初创立金山软件时所有的"最初的梦想"。在今天,WPS软件不仅是整个社会部分人群会使用的"高级工具",更是很有可能覆盖超过成千上万种各色职业人群,当这些"三千六百行"也都能借助类似WPS这样的软件产品技术驱动其生产、学习和工作效率,我相信其价值是巨大的。而这也是我理解的"商业向善""技术向善"。

2021年春节前后,有一位还在金山工作的老朋友告诉我,WPS已经正式成为中国职业教育"职业技能等级考试"唯一入选的办公软件类产品,说到WPS如今被越来越多年轻人喜欢、使用,像很多云办公、多人协作办公和人工智能的新鲜技术也被用在WPS产品中,一时间感慨良多。

说实话，单就技术的维度和产品能力的丰富度，今天的 WPS 远超 30 年前，但就我的理解，这款产品背后的技术初心——让人们在信息化和数字化世界里，更简单、轻松地表达和创作，更好地分享和传递自己的思想和价值（有兴趣的朋友可以找到金山办公前不久梳理的企业使命来看看），是一直没有变的。我想，这恐怕也是 WPS 这支队伍，从 1988 年起步开始，最初可能是我一个人，但能快速崛起，即便后来和跨国公司竞争到最低谷时只剩两三个研发人员，但能最终一路走到现在，受到越来越多用户尤其是年轻人喜欢的根本原因。

我不是教育专家，但我深知发展职业教育对于中国经济社会发展全局会有重大影响。并且我也了解，国家层面正拟立法规定职业教育与普通教育同等重要，希望能够培养数以亿计的高素质技术技能人才。

所以，我很认真地向中国所有选择走职业教育道路的年轻人推荐这套书，我也希望 WPS 可以成为你未来职业发展和人生前行中的一个有力帮手，希望大家都有远大前程和美好人生。

金山软件有限公司非执行董事、

金山软件有限公司前首席执行官

及前董事会主席

WPS 创办人

2024 年 1 月

序 二

人类社会正处于由工业文明向信息文明转型的时期。信息技术是当今先进生产力的代表，是经济发展的重要支柱，是建设创新型国家、制造强国、网络强国、数字中国的基础支撑。适应信息时代发展要求，熟练掌握必要的信息技术应用技能，做合格的"数字公民"，已经不仅是信息社会背景下劳动者胜任职场的基本要求，也是每个社会成员融入信息社会、提高生活质量的必备素质，因而不论是信息技术行业的专业人员，还是其他行业的从业人员，熟练掌握办公软件都是成为"数字公民"的基本条件。

国家高度重视信息素养教育，尤其在学校教育中，从20世纪90年代以来，逐步构建起了从中小学到各类大中专院校的一体化信息素养教育体系。早在1999年，国务院作出《关于深化教育改革全面推进素质教育的决定》就指出："在高中阶段的学校和有条件的初中、小学普及计算机操作和信息技术教育"，而高校开展信息技术教育则更早。在教育部近年来持续颁布和更新的《高等职业学校专业教学标准》中，将"信息技术"课程列入了全部专业的公共基础课程，成为高职学校各专业学生的必修课程。如今，不论是普通高校、职业院校还是中小学的信息技术课程，都将文字处理、电子表格、幻灯片制作等办公软件应用内容列入基础模块，作为信息技术学习的基础和信息技术应用的必备能力。教育部2020年颁布的《中等职业学校信息技术课程标准》，将图文编辑、数据处理等办公应用列入课程基础模块的8项内容之一，2021年颁布的《高等职业教育专科信息技术课程标准（2021版）》，将文档处理、电子表格处理、演示文稿制作等办公软件应用列入课程基础模块6项内容之一，充分体现出办公软件应用在学生信息素养培养中的基础性作用，尤其是对于提高高校毕业生、职业院校毕业生就业竞争力，促进灵活、高质量就业具有重要意义。

2019年1月，国务院印发《国家职业教育改革实施方案》，提出"启动1+X试点"，文件提出"鼓励职业院校学生在获得学历证书的同时，积极取得各类职业技能等级证书，拓展就业创业本领，缓解结构性就业矛盾"，随后，教育部牵头面向社会开展了"X证书"培训评价组织招募和遴选。2020年12月，由北京金山办公软件股份有限公司申报的"WPS 办公应用"正式入选教育部"1+X"职业技能等级证书。2021 年 4 月，《WPS 办公应用职业技能等级标准》也由教育部授权颁布，成为国家资历框架的一部分，这充分体现国家对办公软件技能教育的高度重视和 WPS 作为办公软件龙头的影响力。

《WPS 办公应用职业技能等级标准》分为 3 个级别，划分如下。一是"WPS 办公应用"（初级）：主要面向企事业单位专职文员或技术岗位基本技能的需要，能够实现文案的编辑、排版和打印，汇报型演示文稿的制作与演示，应用数据表格对较规范数据的管理、排版打印。二是"WPS 办公应用"（中级）：主要面向企事业单位专职文员或技术岗位基本技能的需要，能够实现长文档的编辑、美化和打印，交互式多媒体演示文稿的制作与演示，应用数据表格对数据进行相关的处理并打印。三是"WPS 办公应用"（高级）：主要面向企事业单位专职文员或技术岗位团队协作的需要，能够实现在线团队协作办公，创意型演示文稿的创作与演讲，应用数据表格对数据进行可视化处理并打印。

为了加速办公应用人才培养，促进 WPS 办公软件培训、教育、认证的发展，推动 WPS 办公应用 1+X 职业技能等级证书实施，为广大 WPS 授课教师、考证人员和其他 WPS 学习者提供一套实用的教材，促进职业院校及其他各类院校学生办公应用技能水平提升，提高就业竞争力，由北京金山办公软件股份有限公司组织高水平职业院校的一线教师和企业工程师联合开发了本系列教材。本系列教材分为初级、中级、高级三册，分别对应"WPS 办公应用"职业技能等级标准的初级、中级、高级，比较完整地覆盖了最新版的 WPS Office 办公应用知识与技能体系。

本系列教材主要有以下 3 个突出特点。

一是权威性。本系列教材由北京金山办公软件股份有限公司官方组织编写推出，编写团队由金山办公教育研究院专家、资深软件工程师、金牌培训师和拥有 15 年以上办公软件教学经验的职业院校一线教师组成，成稿后又经过金山办公编委会的审阅和修订，内容精准、全面，是目前市场上经过官方认可与 1+X 职业技能等级证书配套的 WPS 教材。

二是针对性。本系列教材作为 WPS 办公应用 1+X 职业技能等级证书的配套教材，内容涵盖教育部《WPS 办公应用职业技能等级标准》对应的等级标准要求，保证读者在学完本书后具备参加相应职业技能等级证书考试的能力，是"书证融通"的专用教材。

三是实用性。本系列教材在编写过程中，充分考虑了不同层次学生的差异性，突出了职业教育特色，从职业岗位群分析入手，针对初、中、高级提出了不同层次的职业技能要求，围绕职业技能要求设计教材内容。同时配套有北京金山办公软件股份有限公司官方提供的大量在线学习视频资源，为教师教学和学生学习提供了很好的支持。

在这里推荐参加 WPS 办公应用 1+X 职业技能等级考试的教师和学生使用本系列教材，也推荐其他职场人士学习 WPS 办公软件使用本系列教材。

中等职业学校信息技术课程标准研制组　组长

高等职业教育专科信息技术课程标准研制组　成员

北京交通大学　教授、博士生导师

2024年1月

前　言

　　为深入贯彻落实全国职业教育大会和全国教材工作会议精神，以及教育部制定的《"十四五"职业教育规划教材建设实施方案》的工作部署，紧密对接产业数字化转型，服务职业教育专业升级和数字化改造，加强长学制专业相应课程的教材建设，加快建设中高职衔接教材和新形态一体化教材。编者以培养我国自主可控软件 WPS 办公应用人才，提升 WPS 办公应用人员所需的职业能力和职业素养为目标，在充分调研和分析的基础上，对接企业职业岗位需求，以"新标准、新技术、新理念和新体系"（"四新"）标准编写了本书，突出"岗课赛证"融通，即旨在将职业岗位能力要求、课程体系、职业技能大赛、职业技能等级证书认证和全国计算机等级考试等内容相互融合，从而提升读者应用 WPS 办公软件的综合职业能力和职业素养，并提升办公效率。

　　本书以项目化的方式组织教学内容，共设计了长文档管理、交互式多媒体演示文稿制作、表格数据处理、云文档应用 4 个项目。每个项目均围绕一个具体的 WPS 办公软件功能，以项目—任务的形式展开，创设了具体的典型岗位任务，设置了相应的任务情境，融入《WPS 办公应用职业技能等级标准》对能力和素养的要求，以及职业技能大赛知识和技能要求，有机融入课程思政。每个任务均提供了完整的操作步骤，内容编排顺序遵循学习认知规律，强化培养读者的知、行、思、辩的全方位学习能力。本书具有以下特点：

　　（1）项目引领、任务驱动的编写模式。所选项目基于企业真实的工作过程，针对 WPS 文字、WPS 表格、WPS 演示、云文档应用 4 个项目分别精心设计了若干个任务，注重理实一体化。

　　（2）课程思政有机融合。为推进党的二十大精神进教材、进课堂、进头脑的要求，进一步全面落实立德树人的根本任务，本书在"长文档管理"项目中，以国产办公自动化软件发展成果为依托，运用 WPS 文字的一系列核心功能和技巧来高效完成各类文档处理任务，聚焦科技创新驱动发展战略，紧密结合国家对自主可控信息技术体系和全民数字素养提升的要求，充分展示了我国在办公软件自主研发领域取得的显著成就，全方位地将创新思维与技术进步融入办公生态。在"交互式多媒体演示文稿制作"项目中，强调了企业持续投入科技创新研发、推行环保低碳生产战略以及扎根农村助力乡村振兴的举措，展示了企业新发展理念和高质量发展，体现了党的二十大精神中关于乡村振兴和绿色发展的重要理念；将传统茶文化和教育普及相结合，进一步弘扬和传播中华优秀传统文化，与党的二十大精神中强调的文化自信相契合。在"表格数据处理与可视化"项目中，通过各任务分别从高水平对外开放、安全生产、乡村振兴及数字经济发展 4 个方面融入党的二十大精神。在"云文档应用"项目中，深入贯彻创新驱动发展战略，展示我国芯片产业从零起步、坚持自主创新的科技强国之路，及时收录与分享当前最新的科技成果与行业动态，激发读者的科技创新热情与民族自豪感，将科技创新与教育普及相结合，通过云端平台实现科普教育资源的实时更新与广泛共享，展现出对新时代科技强国建设路径的深刻理解和积极践行。

（3）"岗课赛证"融通。本书为校企"双元"合作开发的系列教材之一，对标 WPS 办公软件应用岗位技能要求，满足企业需求和学生就业需求，融入职业院校技能大赛相关知识和技能要求，兼顾 WPS 办公应用 1+X 职业技能等级证书（中级）认证和全国计算机等级考试，以便使读者融会贯通、学以致用。

（4）中高职贯通新形态一体化教材的设计。本书配有微课视频、课程标准、授课计划、授课用 PPT、案例素材、习题库等数字化资源。与本书配套的数字课程在"智慧职教"平台（www.icve.com.cn）上线，学习者可登录平台在线学习，授课教师可调用本课程构建符合自身教学特色的 SPOC 课程，详见"智慧职教"服务指南。授课教师如需获得本书配套教辅资源，请登录"高等教育出版社产品信息检索系统"（xuanshu.hep.com.cn）搜索下载，首次使用本系统的用户，请先进行注册并完成教师资格认证。

本书由北京金山办公软件股份有限公司组织编写，何小苑、林若波担任主编，郑烁、胡斌、舒程、庄小贤、黄楚香、刘佳洁担任副主编，吕建如、陈文兵、车春兰担任参编。项目 1 由何小苑、刘佳洁、舒程编写；项目 2 由林若波、黄楚香、吕建如编写；项目 3 由郑烁、庄小贤、陈文兵编写；项目 4 由胡斌、车春兰编写；全书由何小苑、胡斌负责统稿。北京金山办公软件股份有限公司高级讲师郑晓琼、万涛，教育行业部总经理吴增谥、副总经理张广磊，教育行业部职业教育负责人张小平等对书稿内容进行了审核，刘怀恩、常爽等也对书稿内容提出了宝贵意见，在此一并表示感谢。

由于编者水平有限，书中难免存在疏漏和不足之处，敬请广大读者批评指正。

编　者

2024 年 6 月

目　录

项目 *1*

长文档管理

在企业的实际办公环境中，WPS 的长文档管理功能可以优化复杂文档的创作与维护流程。通过内置的样式和大纲工具，可对章节结构进行清晰地划分与调整，便于导航和内容组织。同时，配合导航窗格等实用工具，可方便快速定位文档各部分，有效提升工作效率与数据管理质量。

本项目根据《WPS 办公应用职业技能等级标准》中级证书的相关要求，讲解如何使用 WPS 文字进行长文档管理，将 WPS 文字的学习内容重构为 3 个实践任务，分别为制作国产办公自动化软件发展成果宣传页、排版美化软件操作指引书、移动端排版美化企业内刊。

项目目标

➢ 知识目标

- 了解视图模式
- 掌握"导航窗格"的应用方法
- 掌握绘制智能图形的方法
- 掌握复杂表格的制作方法
- 掌握自定义项目符号和编号的用法
- 掌握标题样式和多级编号的用法
- 掌握分页、分节等分隔符的区别
- 掌握引用、更新目录的方法
- 掌握使用样式美化文档的方法
- 掌握页眉页脚的插入和美化方法
- 掌握在移动端的文档中编辑美化文档的方法

➢ 能力目标

- 能够应用各种视图进行文档的编辑工作
- 能够应用导航窗格进行快速定位与编辑
- 能够对图片进行还原、裁剪、压缩、色彩、亮度与对比度、效果等多种处理
- 能够在表格中实现单元格的合并与拆分、自动调整、快速计算、表格转换成文本、制作斜线表头
- 能够使用自定义项目符号和编号
- 能够应用标题样式和多级编号
- 能够应用分页、分节等分隔符
- 能够引用、更新目录，能够插入脚注、尾注、题注
- 能够在移动端文字文档中编辑图片，如调整图片的大小和角度、裁剪图片
- 能够在移动端的文档中设置文字环绕方式、对象对齐方式、旋转对象等

➤ **素养目标**

● 通过掌握运用多种视图进行文档编辑，培养读者的信息处理和组织能力，强调团队协作与信息共享精神，增强对复杂问题分析的全局观和系统思维能力，使其在协同工作中能够高效整合、传播知识，提升公共服务和社会责任感

● 通过熟练使用导航窗格快速定位与编辑文档内容，培养读者的严谨细致的工作态度和高效的执行力，使其能在快节奏的信息时代中迅速响应变化，精准传达意图，强化时间管理意识和服务效率

● 通过精细调整图片大小、角度、色彩和布局，以及对表格、页眉页脚等元素的专业化处理，培养注重细节、追求卓越的质量意识，并能结合美学原则优化图文编排，提升文档整体视觉效果

● 通过应用表格功能完成数据整理与转换任务，培养读者实事求是的数据观念和科学决策能力，养成诚信、规范的数据处理习惯，体现公正公开的原则，在日常学习和未来职业生涯中践行社会责任

● 通过利用自定义项目符号和编号，启发读者在标准化规则下的个性化表达，激发创造性思维，锻炼其独立思考和自我展现的能力，培养其尊重差异、追求卓越的价值取向

● 通过运用标题样式和多级编号构建层次清晰的文档结构，强化逻辑性和条理性，培养读者按照法规制度和学术规范行事的良好习惯，提升职业道德素养

● 通过分页、分节等分隔符功能的实践，引导读者具备统筹规划、有序布局的思维模式，培养其面对工作或学习任务时具有良好的计划性，从而有助于整体工作效率的提升

● 通过正确引用目录、脚注、尾注和题注，确保文献引用准确无误，深化学术诚信教育，促使读者养成尊重他人劳动成果的习惯，坚守学术道德底线，形成求真务实的科研态度

● 在移动端环境下，保持高效文档处理技能，快速适应移动设备的操作特性，灵活运用各类功能实现与桌面端相同水平的文档编辑与美化工作，培养与时俱进、勇于尝试新技术的创新精神

项目导图

项目 1 的项目导图如图 1-1 所示。

图 1-1　项目 1 的项目导图

任务 1.1 制作国产办公自动化软件发展成果宣传页

🔍 任务情境

在新时代中国特色社会主义建设的大背景下，为积极响应党的二十大报告提出的加快建设数字中国的战略部署，以及"坚持创新在我国现代化建设全局中的核心地位"的号召，国产办公自动化软件在充分吸收国内外先进技术的基础上，实现了重大突破，有力推动了我国办公自动化领域的国产化进程，为党政机关、企事业单位提供了安全可控、高效便捷的办公解决方案，不仅契合了我国数字化转型和信息安全的战略需求，而且在办公效率提升、数据资源共享、远程协同办公等方面取得了一系列实质性成果，助力我国经济社会高质量发展。

鉴于此，小欣所在的科技媒体平台拟组织策划一场主题为"国产办公自动化软件发展成果汇报"的活动，并需要制作一份宣传页，重点展示国产办公自动化软件在践行国家战略、自主创新成果、提升政务服务效能、赋能企业数字化转型等方面的突出贡献和实际应用案例，以此来提升全社会对国产办公自动化软件的信心，引导更多单位和个人支持并使用国产软件，共筑我国数字经济的繁荣未来。

1.1.1　编辑图片

灵活多样的图像编辑功能有助于优化文档的视觉呈现，增强信息传递效果，同时也能确保图片与文本内容协调一致，从而提升文档整体的专业性和阅读体验，本任务需要在国产办公自动化软件发展成果宣传页初稿中对图片进行裁剪、压缩、亮度、对比度调整等多种效果处理，如图 1-2 所示，具体要求如下：

制作宣传页

1）根据要求对图片进行裁剪。

2）压缩图片，并删除图片的裁剪区域。

3）增加图片亮度并降低对比度。

案例素材
宣传页

4）为图片设置阴影效果及倒影效果。

图 1-2　图片处理效果图

微课 1-1
编辑图片

➤ **知识技能点**

- 图片裁剪
- 图片压缩
- 图片亮度及对比度调整
- 图片效果设置

知识窗

WPS 文字的图片工具

WPS 文字中的图片工具是一款内置的图像编辑功能，"图片工具"选项卡的功能区如图 1-3 所示，在文档编辑过程中能够便捷地插入、布局和优化图片，支持图片裁剪、压缩、亮度、对比度、颜色和效果调整，有助于提升文档的整体质量和视觉表现力。

图 1-3　"图片工具"选项卡

➤ **任务实施**

（1）选中"自由裁剪"功能

选中"砥砺前行"图片，单击右侧快捷菜单中的"裁剪图片"按钮，如图 1-4 所示，或者单击"图片工具"→"裁剪"下拉按钮，选择下拉列表中的"自由裁剪"选项。

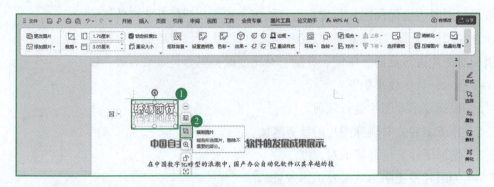

图 1-4   选中"自由裁剪"功能

（2）自由裁剪

使用鼠标右键拖曳修改裁剪区域位置，将图片下方的原始阴影区域裁剪掉，如图 1-5 所示，裁剪完毕后按 Enter 键。

图 1-5   自由裁剪

（3）平行四边形裁剪

选中"砥砺前行"图片，单击"图片工具"→"裁剪"下拉按钮，在下拉列表中选择"按形状裁剪"→"平行四边形"选项，如图 1-6 所示，使用默认裁剪区域位置，如图 1-7 所示，裁剪完毕后按 Enter 键。

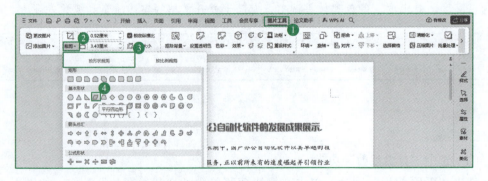

图 1-6   按形状裁剪

图 1-7　平行四边形裁剪

（4）压缩图片

选中"砥砺前行"图片，单击"图片工具"→"压缩图片"按钮，在弹出的"图片压缩"窗口中勾选"删除图片的裁剪区域"复选框，单击"完成压缩"按钮，如图 1-8 所示。

图 1-8　压缩图片

（5）调整亮度

选中"砥砺前行"图片，连续两次单击"图片工具"选项卡中的"增加亮度"按钮，以改变图片的亮度，如图 1-9 所示。

（6）调整对比度

保持图片处于选中状态，连续两次单击"图片工具"选项卡中的"降低对比度"按钮，以改变图片的对比度，如图 1-10 所示。

图 1-9　增加亮度

图 1-10　降低对比度

（7）设置阴影效果

保持图片处于选中状态，单击"图片工具"→"效果"按钮，在下拉列表中选择"阴影"→"向上偏移"选项，如图 1-11 所示。

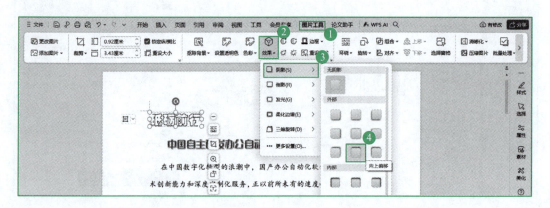

图 1-11　设置阴影效果

（8）设置倒影效果

保持图片处于选中状态，单击"图片工具"→"效果"下拉按钮，在下拉列表中选择"倒影"→"紧密倒影，接触"选项，如图 1-12 所示。

（9）美化版面

保持图片处于选中状态，单击"开始"→"居中对齐"按钮，如图 1-13 所示，单击"图片工具"→"环绕"下拉按钮，在下拉列表中选择"上下型环绕"选项，如图 1-14 所示；同时选中"砥砺前行"图片和"中国自主研发办公自动化软件的发展成果展示"

图片，单击"图片工具"→"组合"下拉按钮，在下拉列表中选择"组合"选项，如图 1-15 所示。

（10）保存文档

将编辑后的文档进行保存。

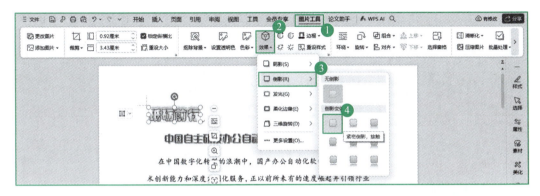

图 1-12　设置倒影效果

图 1-13　设置图片居中对齐

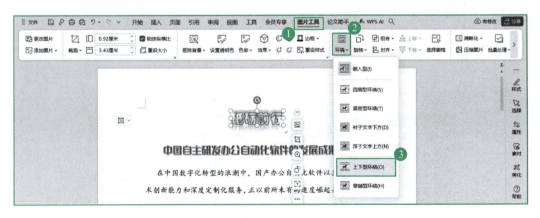

图 1-14　设置图片上下型环绕

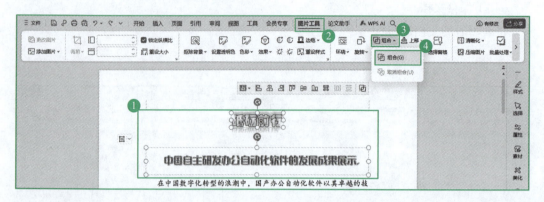

图 1-15　组合对象

 自主探究

　　除了在"图片工具"选项卡中可进行图片设置外，选中图片后，还可以在右侧快捷菜单中选择相应的效果进行图片处理，具体操作请自主探究。

1.1.2　绘制图形

　　智能图形能够以更直观、清晰的方式表达复杂的信息结构和逻辑关系，可增强文档内容的表现力与可读性，使得文本信息更加生动、专业。下面继续在国产办公自动化软件发展成果宣传页初稿中插入智能图形，如列表、关系逻辑图、组织结构图，效果如图 1-16 所示，具体要求如下：

　　1）以智能图形中的"列表"形式介绍国产办公自动化软件产品类别。

　　2）以智能图形中的"关系"形式介绍国产办公自动化软件优势。

　　3）以智能图形中的"层次结构"形式介绍国产办公自动化软件产品服务信息。

【国产办公自动化软件产品类别】

文档处理系列	协同办公平台	项目管理软件	数据库系统
• 包含文档、表格、演示等模块，支持多种文档格式转换	• 集成了IM、电话会议、视频会议、考勤打卡、审批等多种功能	• 提供项目管理、任务分配、文件共享等协作服务，提升项目执行力	• 满足用户对数据安全的需求，提供高性能、高可用的数据产品和服务

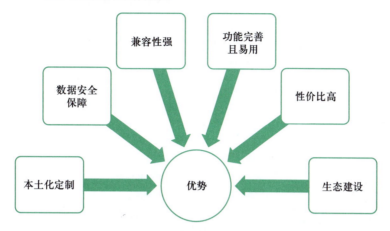

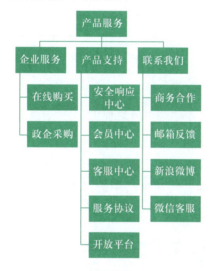

图 1-16　插入智能图形的效果

➢ **知识技能点**

● 多种智能图形的绘制

 知识窗

WPS 文字的智能图形绘制功能

WPS 文字"插入"选项卡中的"智能图形"按钮中包含关系图、层次结构图等智能图形绘制功能，提供了一站式的视觉表达工具，如图 1-17 所示，能够轻松创建和编辑各种复杂的图表，清晰展现信息之间的关联、组织的层级结构、流程的步骤及思维的脉络，用户可以自定义形状、线条、颜色和样式，添加和调整文本。通过使用这些强大的图形绘制工具，不仅可提升文档的专业性和可读性，也可实现文本和数据可视化。

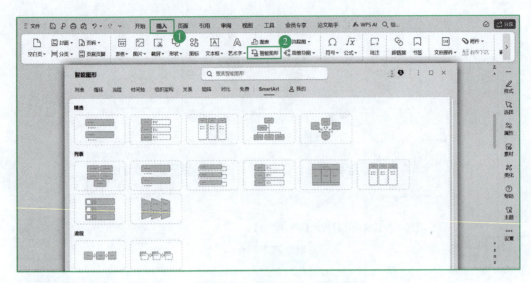

图 1-17 "智能图形"对话框

➤ **任务实施**

（1）插入水平项目符号列表

将光标定位在"国产办公自动化软件产品类别"文字下方，单击"插入"→"智能图形"按钮，在"智能图形"对话框中，选择 SmartArt 选项卡→"列表"选项组中的"水平项目符号列表"选项，如图 1-18 所示。

微课 1-2
绘制水平项目
符号列表

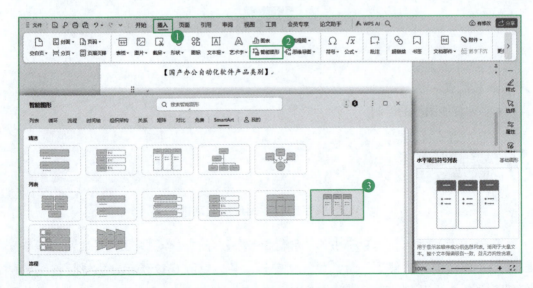

图 1-18 插入水平项目符号列表

（2）调整列表层级结构

单击列表中最后一个"文本"输入框，在其右侧出现的快捷菜单中选择"添加项目"→"在后面添加项目"命令，如图 1-19 所示，调整列表层级结构。

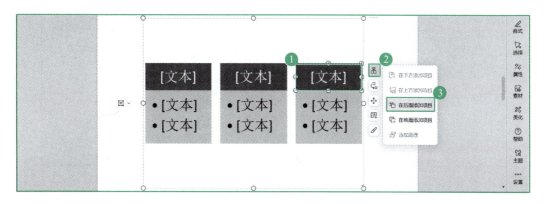

图 1-19　在列表后面添加项目

（3）录入列表的文本内容并设置格式

录入列表的文本内容，设置白色文本字体为"宋体"、字号为"12"、对齐方式为"居中对齐"、字形为"加粗"；设置黑色文本字体为"宋体"、字号为"小四"、对齐方式为"两端对齐"，如图 1-20 所示。

图 1-20　录入列表文字内容并设置格式

（4）调整列表大小

当选中列表后，列表周围会出现控点，将光标移至上下方控点，当光标形状变为双向箭头时按住并拖曳光标调整边距，如图 1-21 所示，减少上下边界的空白区域，如图 1-22 所示。

（5）插入聚合射线关系图

将光标定位在"国产办公自动化软件优势"文字下方，单击"插入"→"智能图形"按钮，在"智能图形"对话框中，选择 SmartArt 选项卡→"关系"选项组中的"聚合射线"选项，如图 1-23 所示。

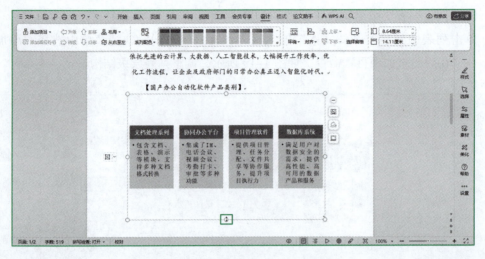

图 1-21　调整列表上下空白边距

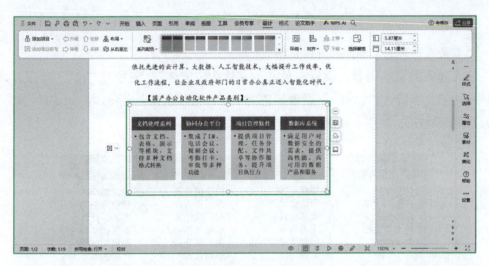

图 1-22　列表上下空白边距效果

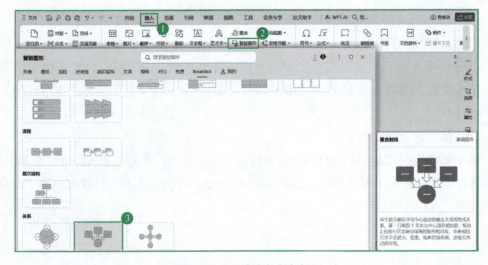

图 1-23　插入聚合射线关系图

（6）调整关系图层级结构

单击关系图中最后一个"文本"输入框，在其右侧的快捷菜单中选择"添加项目"→"在后面添加项目"命令，如图 1-24 所示，重复以上操作，再添加 3 个项目。

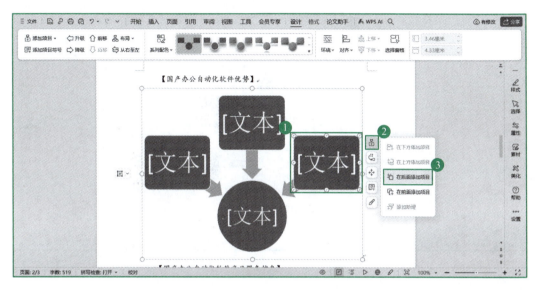

图 1-24　在关系图后面添加 3 个项目

（7）录入关系图的文本内容并设置格式

录入关系图的文本内容，设置"优势"文本字体为"宋体"、字号为"三号"、对齐方式为"居中对齐"、字形为"加粗"；设置其余内容文本字体为"宋体"、字号为"小四"、对齐方式为"居中对齐"，如图 1-25 所示。

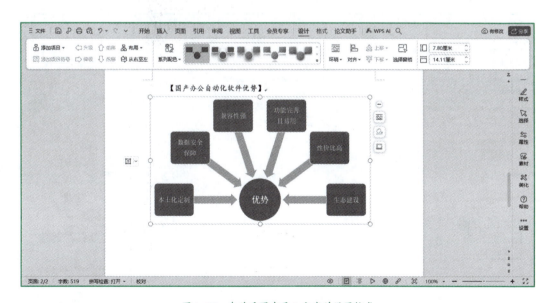

图 1-25　在关系图中录入文字并设置格式

（8）美化关系图

选中关系图，单击"设计"→"系列配色"下拉按钮，在下拉列表中选择"着色1"选项组中的第一个选项，如图1-26所示。

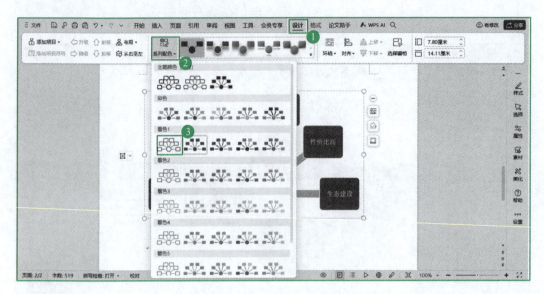

图1-26 关系图应用系列配色

微课1-3
绘制组织
结构图

（9）插入组织结构图

将光标定位在"国产办公自动化软件产品服务信息"文字下方，单击"插入"→"智能图形"按钮，在"智能图形"对话框中选择SmartArt选项卡→"层次结构"选项组中的"组织结构图"选项，如图1-27所示。

图1-27 插入组织结构图

（10）调整组织结构图层级结构

选中如图 1-28 所示的"文本"输入框，按 Delete 键将其删除；选中如图 1-29 所示的"文本"输入框，在其右侧的快捷菜单中选择"添加项目"→"在下方添加项目"命令；选中如图 1-30 所示的"文本"输入框，在其右侧的快捷菜单中选择"添加项目"→"在后面添加项目"命令；根据图 1-31 重复前面的相应操作调整组织结构图的层级结构。

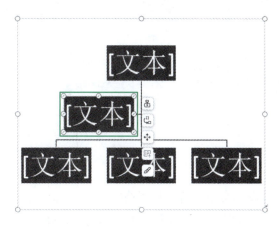

图 1-28　在组织结构图中删除多余的项目

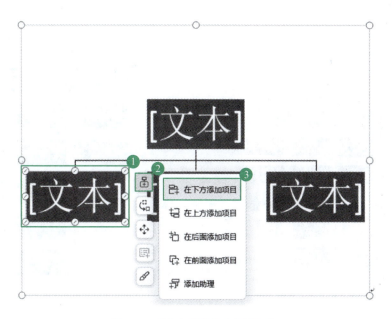

图 1-29　在组织结构图下方添加项目

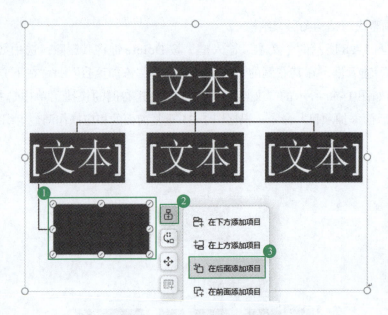

图 1-30　在组织结构图后面添加项目

（11）录入组织结构图的文本内容并设置格式

录入组织结构图文本内容，设置所有文本字体为"宋体"、字号为"11"、对齐方式为"居中对齐"，如图 1-32 所示。

（12）保存文档

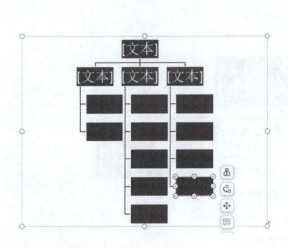

图 1-31　产品服务层次结构图

图 1-32　组织结构图的项目效果图

 自主探究

除了 SmartArt 中的智能图形，使用 WPS 文字还可以绘制思维导图，思维导图是一

种实用性较强的思维工具，能够为日常生活和工作增添便利。WPS 支持直接在文字、表格、演示文稿内一键插入制作思维导图，其位置在"插入"选项卡中的"思维导图"按钮，如图 1-33 所示，在"思维导图"对话框中可选择多种模板，在绘制思维导图时，可使用 Enter 键增加同级主题、Tab 键增加子主题、Delete 键删除主题，具体操作请自主探究。

图 1-33 插入思维导图

1.1.3 设置表格样式

在 WPS 文字中，表格工具提供了对表格的全面编辑和管理功能，如插入、删除行列、合并单元格及数据排序、计算等操作，便于高效组织和呈现数据信息；表格样式则提供了一键应用或自定义表格外观属性（如边框样式、填充颜色、字体格式等）的功能，可以快速美化表格并保持文档整体风格的一致性。下面在国产办公自动化软件发展成果宣传页初稿中，绘制某国产办公软件公司长期经营性资产投入情况表和自主创新情况表，如图 1-34 和图 1-35 所示，具体要求如下：

1）绘制某国产办公软件公司长期经营性资产投入情况表格。

2）录入资产投入情况表格文字及数据并进行快速计算。

3）设置资产投入情况表格格式。

4）绘制某国产办公软件公司自主创新情况表格。

5）自主创新情况表格架构及内容调整。

6）设置自主创新情况表格的边框与底纹。

项目\年份	2020 年	2021 年	2022 年	合计
投入	0.55	1.49	1.76	3.8
处置	0.00	0.00	0.00	0
损耗	0.47	0.68	0.86	2.01
净投入	0.85	1.21	3.06	5.12

图 1-34 某国产办公软件公司长期经营性资产投入情况表

类别	发明专利		软件著作权	
登记地	中国境内登记	境外登记	中国境内登记	境外登记
数量（项）	296	54	630	7
合计（项）	350		637	

图 1-35 某国产办公软件公司自主创新情况表

➤ **知识技能点**
- 斜线表头的绘制
- 表格工具的应用
- 表格样式的设置

 **知识窗**

WPS 文字的表格工具和表格样式

WPS 文字中的"表格工具"选项卡和"表格样式"选项卡是专门为表格操作和设计优化的两大功能区。

"表格工具"选项卡集成了丰富的表格编辑功能，如图 1-36 所示，包括插入、删除行列、合并单元格、调整边框和填充、设置文本对齐方式、数据处理等，能够精细化地布局和格式化表格内容。

图 1-36 "表格工具"选项卡

"表格样式"选项卡则专注于表格的视觉呈现和风格设定，如图 1-37 所示，可以选择预设的表格样式，快速改变表格的整体外观，包括边框样式、单元格颜色和字体格式等。同时，该选项卡也支持自定义表格样式，可以根据用户的喜好创建独特的表格设计，并将其保存为模板以便后续使用。

这两项功能选项卡相辅相成，赋予了 WPS 文字全面而灵活的表格处理能力，无论是进行数据整理、信息展示还是文档美化，都能高效便捷地实现专业级的表格设计与编辑。

图 1-37 "表格样式"选项卡

微课 1-4
插入资产投入
情况表格

➤ **任务实施**

（1）插入一张 5 行 5 列的表格

将光标定位在"某国产办公软件公司长期经营性资产投入情况（亿元）"文字下方，单击"插入"→"表格"下拉按钮，在下拉列表中选择表格的行数与列数，插入一张 5 行 5 列的表格，如图 1-38 所示。

图 1-38　插入一张 5 行 5 列的表格

WPS 文字中插入表格的其他方法

　　WPS 文字插入的表格还可以精确设置行列数，选择"插入"→"表格"→"插入表格"选项，打开"插入表格"对话框，如图 1-39 所示，在"插入表格"对话框中的"列数"和"行数"文本框中分别输入相应数值，然后单击"确定"按钮，系统就会在光标所在位置自动插入指定大小的表格，表格默认自动列宽。如果想设置固定列宽，可在"列宽选择"选项组中选中"固定列宽"单选按钮，然后设置度量单位和数值即可。

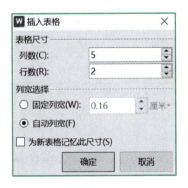

图 1-39　"插入表格"对话框

　　如果觉得插入表格不够自由，可以选择自行绘制表格，选择"插入"→"表格"→"绘制表格"选项，当光标变成画笔样式时，就可以根据所需在文档中自由绘制表格，如图 1-40 所示。

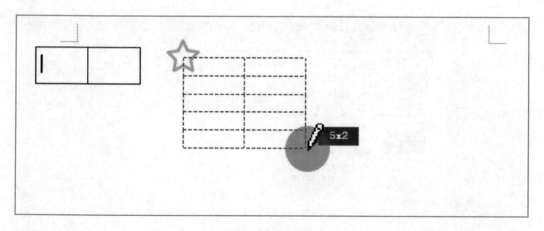

图 1-40　自由绘制表格

WPS 稻壳商城还预设了丰富多样的内容型表格，选择"插入"→"表格"→"稻壳内容型表格"选项，在此处可以根据样式、主题选择所需的表格，如图 1-41 所示。

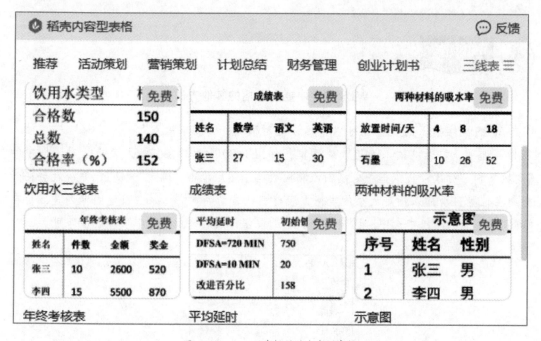

图 1-41　WPS 稻壳提供的内容型表格

（2）绘制斜线表头

将光标定位在第 1 行第 1 列单元格中，单击"表格样式"→"斜线表头"按钮，在"斜线单元格类型"对话框中选择第 1 行第 2 个斜线单元格类型，如图 1-42 所示，单击"确定"按钮。

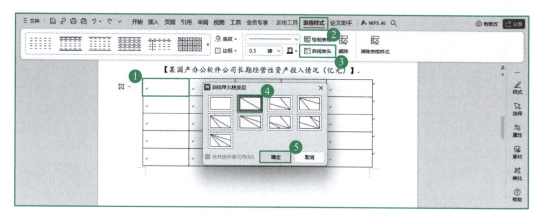

图 1-42　绘制斜线表头

自主探究

在使用 WPS 文字编辑文档时，如果遇到表格页数很多，跨页表格不显示标题行的情况，可以设置表格标题行重复，具体操作步骤为：选中表格，单击"表格工具"→"表格属性"按钮，在打开的"表格属性"对话框中单击"行"选项卡，勾选"在各页顶端以标题行形式重复出现"复选框，单击"确定"按钮，具体操作请自主探究。

知识窗

WPS 文字中表格的快速计算功能

WPS 文字中的"表格工具"选项卡提供了快速计算功能。选中需要计算的单元格，单击"表格工具"→"快速计算"下拉按钮，在下拉列表中提供了 4 种计算方式，分别为求和、平均值、最大值和最小值，计算结果将显示在后一个单元格中，若没有后一个单元格，则会新增一行或一列显示计算结果。

（3）录入资产投入情况表格文字及数据并进行快速计算

根据图 1-43 录入文字及数据，选中第 2 行"投入"单元格数据，单击"表格工具"→"计算"下拉按钮，在下拉列表中选择"求和"选项，如图 1-44 所示，得出投入的"合计"数值。按照相同的方法，快速计算其余 3 行的"合计"数值。

项目 年份	2020 年	2021 年	2022 年	合计
投入	0.55	1.49	1.76	
处置	0.00	0.00	0.00	
损耗	0.47	0.68	0.86	

净投入	0.85	1.21	3.06	

图 1-43　资产投入情况表格文字及数据录入

图 1-44　资产投入情况表格数据计算

 自主探究

　　在使用 WPS 文字编辑表格时，有时需要对表格中的数据进行排序，具体操作步骤为：选中需要操作的表格区域，单击"表格工具"选项卡中的"排序"按钮，在打开的"排序"对话框中进行相应设置后，单击"确定"按钮即可，具体操作请自主探究。

　　（4）设置资产投入情况表格文本格式及首行行高

　　选中整个表格，在"表格工具"选项卡中设置文本字体为"宋体"，字号为"小四"，对齐方式为"垂直居中"和"水平居中"，如图 1-45 所示；选中表格第一行，在"表格工具"选项卡的"行高"文本框中输入"1.50 厘米"，如图 1-46 所示。

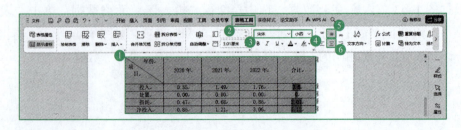

图 1-45　资产投入情况表格格式设置

图 1-46 调整资产投入情况表格首行行高

 知识窗

WPS 文字中表格的对齐方式

WPS 文字中的"表格工具"选项卡提供了表格对齐功能。选中需要计算的单元格，选择"表格工具"→"对齐功能"选项区域，在该区域中提供了 3 种垂直对齐方式和 3 种水平对齐方式，可以自由组合成 9 种对齐方式。其中，垂直对齐方式包括顶端对齐、垂直居中、底端对齐，水平对齐方式包括左对齐、水平居中、右对齐。

（5）设置资产投入情况表格样式

选中整个表格，单击"表格样式"→"预设样式"下拉按钮，在下拉列表中选择"主题颜色"为"蓝色"，选择"三线表"预设样式，如图 1-47 所示。

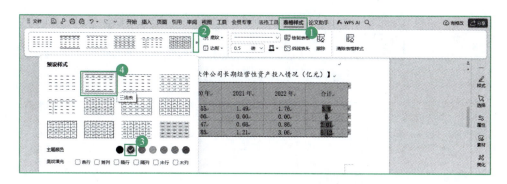

图 1-47 资产投入情况表格预设样式应用

（6）将自主创新情况文本转换成表格

选中自主创新情况文字内容，单击"插入"→"表格"下拉按钮，在下拉列表中选择"文本转换成表格"选项，在弹出的对话框中，"表格尺寸"采用默认设置，"文字分隔位置"设置为"制表符"，单击"确定"按钮，如图 1-48 所示，将文本转换成表格，原始效果如图 1-49 所示。

微课 1-5
插入自主创新
情况表格

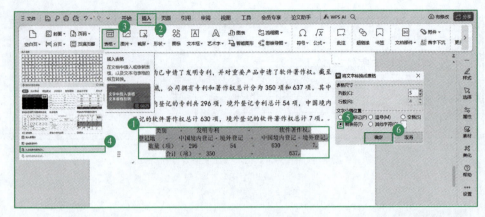

图 1-48　将文本转换成表格

类别	发明专利		软件著作权	
登记地	中国境内登记	境外登记	中国境内登记	境外登记
数量（项）	296	54	630	7
合计（项）	350	637		

图 1-49　将文本转换成表格的原始效果

（7）自主创新情况表格内容及架构调整

将表格中的"软件著作权""637"文本分别移动至第 1 行第 4 个单元格和第 4 行第 4 个单元格，如图 1-50 所示；选中第 1 行第 2 个和第 3 个单元格，单击"表格工具"→"合并单元格"按钮进行单元格合并，如图 1-51 所示，重复以上步骤，对第 1 行第 4 个和第 5 个单元格、第 4 行第 2 个和第 3 个单元格、第 4 行第 4 个和第 5 个单元格进行合并，合并单元格后的效果如图 1-52 所示。

类别	发明专利		软件著作权	
登记地	中国境内登记	境外登记	中国境内登记	境外登记
数量（项）	296	54	630	7
合计（项）	350		637	

图 1-50　文本转换成表格的内容调整

图 1-51　合并单元格步骤

类别	发明专利		软件著作权	
登记地	中国境内登记	境外登记	中国境内登记	境外登记
数量（项）	296	54	630	7
合计（项）	350		637	

图 1-52　合并单元格后的效果

（8）设置自主创新情况表格的边框样式

选中整个表格，选择"表格样式"→"边框"→"边框和底纹"命令，如图 1-53 所示，在打开的"边框和底纹"对话框中，选择边框"设置"为"网格"、边框"线型"为"双实线"、边框"颜色"为"钢蓝，着色 1，深色 25%"，如图 1-54 所示。

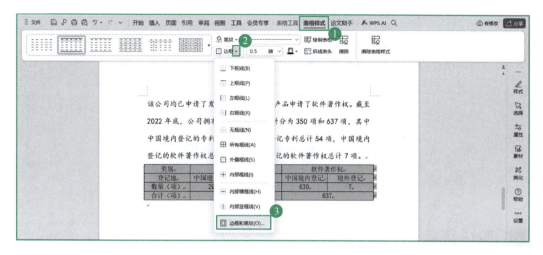

图 1-53　选择"边框和底纹"命令

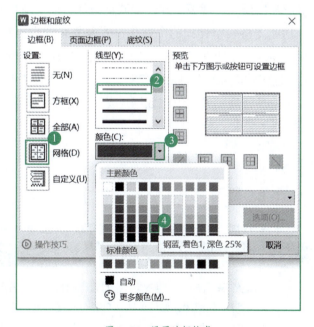

图 1-54　设置边框格式

（9）设置自主创新情况表格的底纹颜色

在"边框和底纹"对话框中单击"底纹"选项卡，在"填充"下拉列表中选择"主题颜色"为"钢蓝，着色 1，浅色 80%"，单击"确定"按钮，如图 1-55 所示。

（10）保存文档

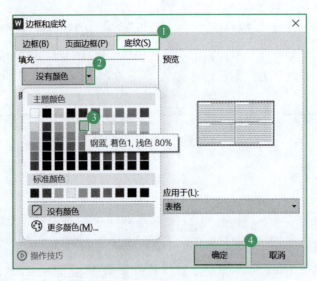

图 1-55 设置底纹颜色

职场透视

　　WPS 文字中集成了多种功能，涵盖了图片处理、表格设置和智能图形绘制等方面。图片处理工具允许用户轻松插入、裁剪、旋转和调整图片，以及应用特效以提升文档的视觉效果。表格设置功能支持表格样式的个性化设置及复杂的数据输入、计算和分析，确保信息的准确性和易读性。智能图形绘制包括关系图、层次结构图等，助力清晰呈现信息关联和层级结构。这些功能无缝集成在 WPS 文字中，极大地提升了编辑长文档时的效率和专业性，使得无论是处理图像、组织数据还是表达思想，都能实现精细化和可视化操作，满足各种文档创作需求。

职业技能要求

　　职业技能要求见表 1-1。

表 1-1 本任务对应 WPS 办公应用职业技能等级认证要求（中级）

工作任务	职业技能要求
长文档的图文表混排	① 能够编辑图片，如调整图片的大小和角度、裁剪图片、压缩图片； ② 能够美化图片，如设置图片色彩、亮度和对比度、图片效果； ③ 能够在表格中实现设置表格格式、处理表格中数据的高级操作，如设置单元格内文本的对齐方式、文字方向、单元格边距和间距、表格的边框和底纹、自动调整表格大小、文本转换成表格、绘制斜线表头、标题行重复、表格快速计算、排序等； ④ 能够综合应用图文编排美化版面，如设置文字环绕方式、对象对齐方式、组合对象、旋转对象等

任务测试

一、单项选择题

1. 在 WPS 文字中，若要调整图片尺寸以适应文档布局，下列选项中无法实现的操作为（　　）。

　　A. 使用鼠标拖动图片边角

　　B. 在"图片工具"选项卡中设置图片的高度和宽度数值

　　C. 通过压缩图片减小图片文件大小来变相缩小尺寸

　　D. 应用裁剪图片功能按比例缩放图片

2. 要在 WPS 文档中对插入的图片进行旋转，正确的做法是（　　）。

　　A. 右击图片并选择"图片方向"选项

　　B. 拖曳图片上方的旋转手柄

　　C. 在"图片工具"的"格式"选项卡中单击"旋转"按钮

　　D. 在"排列"选项卡中设置旋转角度

3. 在编辑 WPS 文档时，为了使文本在图片上方和下方自动换行，应该选择（　　）环绕方式。

　　A. 紧密型环绕　　　　　　　　　　　　B. 上下型环绕

　　C. 四周型环绕　　　　　　　　　　　　D. 居中型环绕

4. 下列关于在 WPS 文字表格中设置单元格间距的说法正确的是（　　）。

　　A. 可以通过调整相邻单元格之间的距离来改变单元格间距

　　B. 单元格间距只能在创建表格时设定，之后不能修改

　　C. 单元格间距不包含边框宽度

　　D. 在"表格属性"对话框中可以设置单元格的内部边距和外部间距

5. 在图文混排过程中，将多个图形和图片组合以便统一移动、缩放等操作的方法为（　　）。

　　A. 按 Ctrl+C 组合键复制对象后，按 Ctrl+V 组合键粘贴

　　B. 同时选中多个对象后，在"图片工具"选项卡中单击"组合"按钮

　　C. 在"图片工具"选项卡中选择"合并"选项

　　D. 无法同时对图形和图片进行操作

二、多项选择题

1. 在 WPS 文字中，对图片进行编辑和美化时可以执行（　　）操作。

　　A. 调整图片大小

　　B. 旋转图片角度

　　C. 对图片进行裁剪以适应文档布局

　　D. 应用色彩调整、亮度、对比度设置

　　E. 添加预设的图片效果以增强视觉表现

2. 在 WPS 文字中，为了综合应用图文编排美化版面，以下（　　　）操作是可行的。

  A. 设置图片文字环绕方式，如四周型环绕、紧密型环绕等

  B. 将多个对象组合成一个整体并统一移动、缩放，并添加动画效果

  C. 调整对象之间的对齐关系，如顶端对齐、垂直居中对齐等

  D. 旋转图形或图片至任意角度以达到特殊排版效果

  E. 可以使用条件格式，根据单元格内容自动更改其格式

三、实操题

操作要求：

美化"中秋节及其象征意义"介绍文档，效果如图 1-56 所示，具体要求如下：

（1）编辑与美化图片

1）裁剪掉中秋节插图中不必要的背景部分。

2）增强中秋节插图的亮度和对比度，以增强视觉效果。

3）将图片的文字环绕方式设置为四周型环绕，便于配合文字描述进行排版。

（2）创建并编辑表格

1）插入一张 6 行 2 列的表格。

图 1-56 "中秋节及其象征意义"效果

2）在对应的单元格中输入对应的内容，如节日名称、日期、别称、历史起源、主要习俗、象征意义。

3）设置第 1 列的文本居中对齐，第 2 列根据需要设置为左对齐。

4）根据效果图设置表格的边框和底纹。

🔍 任务验收

任务验收评价表见表 1-2，可对本节任务的学习情况进行评价。

表 1-2　任务验收评价表

任务评价指标				
序号	内容	自评	互评	教师评价
1	能编辑图片，如调整图片的大小和角度、裁剪图片、压缩图片			
2	能美化图片，如设置图片色彩、亮度和对比度、图片效果			
3	能设置图片的文字环绕方式、设置对象对齐方式等			
4	能根据需要在 WPS 文字中采用不同方式插入表格			
5	能绘制斜线表头			
6	能对表格数据进行快速计算			
7	能设置表格格式，如设置单元格内文本的对齐方式、调整表格尺寸、合并拆分单元格等			
8	能设置表格样式			
9	能进行文本和表格的相互转换			
10	能设置表格的底纹、边框			

任务 1.2　排版美化软件操作指引书

🔍 任务情境

在中国推动建设开放型世界经济的大潮中，某国产办公软件公司积极响应号召，凭借其自主研发的 WPS 365 数字化办公平台在全球范围内拓展市场。其中，随着中国与世界各国合作交流的深入，WPS 正在成为连接各国用户、促进信息共享和文化交流的重要桥梁。在此背景下，小欣接到了一项富有挑战性的任务：负责对《WPS 界面与通用功能介绍（节选）》进行排版设计，该文档不仅是用户掌握软件操作技能的工具，也体现了全球化视野下的跨文化交流和服务国家战略的精神内核。

排版美化软件操作指引书

微课 1-6
自定义项目
符号和编号

1.2.1 自定义项目符号和编号

案例素材
软件操作指引书

在 WPS 文字中设置自定义项目符号和编号，能够增强文档内容的层次感与条理性，通过个性化选择符号样式或编号格式，可以更直观地呈现列表信息，确保信息表达清晰、有序，下面分别为《WPS 界面与通用功能介绍（节选）》中的部分文本设置项目符号和编号，效果如图 1–57 所示，具体要求如下：

1）为文档中的所有标题（蓝色字体）设置自定义项目符号。

2）为文档中的所有标题下方的相关说明文字（橙色字体）设置自定义编号，并根据实际情况进行重新编号。

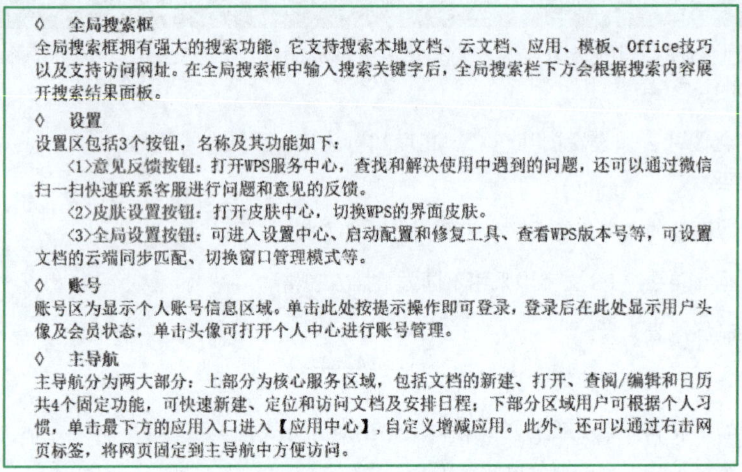

◊ 全局搜索框

全局搜索框拥有强大的搜索功能。它支持搜索本地文档、云文档、应用、模板、Office技巧以及支持访问网址。在全局搜索框中输入搜索关键字后，全局搜索栏下方会根据搜索内容展开搜索结果面板。

◊ 设置

设置区包括3个按钮，名称及其功能如下：

〈1〉意见反馈按钮：打开WPS服务中心，查找和解决使用中遇到的问题，还可以通过微信扫一扫快速联系客服进行问题和意见的反馈。

〈2〉皮肤设置按钮：打开皮肤中心，切换WPS的界面皮肤。

〈3〉全局设置按钮：可进入设置中心、启动配置和修复工具、查看WPS版本号等，可设置文档的云端同步匹配、切换窗口管理模式等。

◊ 账号

账号区为显示个人账号信息区域。单击此处按提示操作即可登录，登录后在此处显示用户头像及会员状态，单击头像可打开个人中心进行账号管理。

◊ 主导航

主导航分为两大部分：上部分为核心服务区域，包括文档的新建、打开、查阅/编辑和日历共4个固定功能，可快速新建、定位和访问文档及安排日程；下部分区域用户可根据个人习惯，单击最下方的应用入口进入【应用中心】，自定义增减应用。此外，还可以通过右击网页标签，将网页固定到主导航中方便访问。

图 1–57 自定义项目符号与编号效果图

➢ **知识技能点**

- 自定义项目符号和编号的使用

知识窗

项目符号和编号

在长文档的排版和组织结构中，项目符号和编号不仅有助于提升文本的可读性和条理性，还能够清晰地展示出信息之间的层级关系与逻辑顺序。

项目符号通常以图形（如实心圆、空心圆、正方形或菱形等）的形式出现在文本前，用于标记并突出每一项独立但又属于同一主题级别的内容。例如，在列举要点、注意事项等情况时，使用项目符号能使各个条目一目了然，便于读者快速捕捉和理解关键信息，而无须通过阅读完整句子或段落来获取。

编号则是对一系列有序内容进行标识的方式，它采用数字、字母等形式进行序列标记。当文档中的各项内容存在明确的时间先后、逻辑顺序或者重要程度递进的关系时，应用编号尤为适宜，如编写操作流程、论述观点的发展脉络、列出法规条款等场景，有序的编号系统可以引导读者按照预设的顺序流畅阅读，并确保关键信息的传递准确无误。

➤ **任务实施**

（1）为文档中的所有标题（蓝色文本）设置项目符号

选中其中一个标题，单击"开始"→"选择"下拉按钮，在下拉列表中选择预设样式中的"选择格式相似的文本"选项，如图1-58所示。将所有蓝色文本选中之后再进行自定义项目符号设置，单击"开始"→"项目符号"下拉按钮，在下拉列表中选择"自定义项目符号"选项，如图1-59所示。在打开的"项目符号和编号"对话框中单击任何一个项目符号→"自定义"按钮，在打开的"自定义项目符号列表"对话框中单击"字符"按钮，在打开的"符号"对话框的"字体"下拉列表中选择"（普通文本）"选项，在其"子集"下拉列表中选择"几何图形符"，在下方列表框中选择空心菱形符号，单击"插入"→"确定"按钮，如图1-60所示。

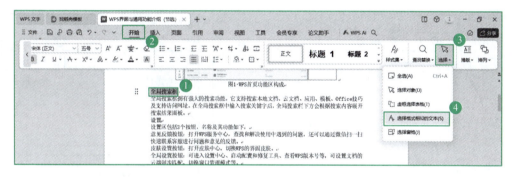

图 1-58 选择格式相似的文本

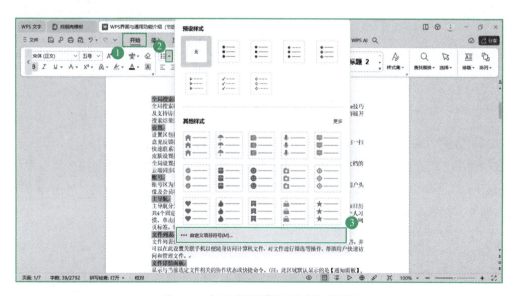

图 1-59 打开"项目符号和编号"对话框

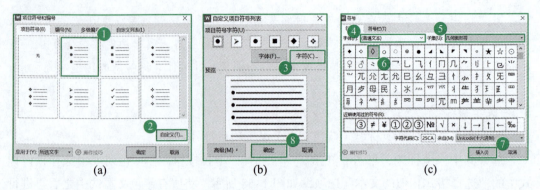

图 1-60　设置自定义项目符号

（2）为文档中的所有标题下方的相关说明文字（橙色文本）设置编号

全选所有橙色文本，选择"开始"选项卡→"编号"→"自定义编号"命令，打开"项目符号和编号"对话框；在该对话框中单击第 2 行第 4 个编号→"自定义"按钮，打开"自定义编号列表"对话框，在"编号格式"文本框中输入"〈①〉"，其他设置保持默认，单击"确定"按钮，如图 1-61 所示。

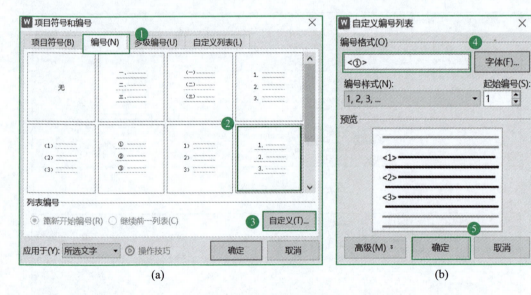

图 1-61　设置自定义编号

（3）分别为文档中第 2 组和第 3 组的橙色字体进行重新编号

找到第 2 组橙色字体，单击文本"【最近】"前面的编号，在弹出的快捷菜单中选择"重新开始编号"命令，如图 1-62 所示；找到第 3 组橙色字体，单击文本"【分享】"前面的编号，在弹出的快捷菜单中选择"重新开始编号"命令。

（4）保存文档

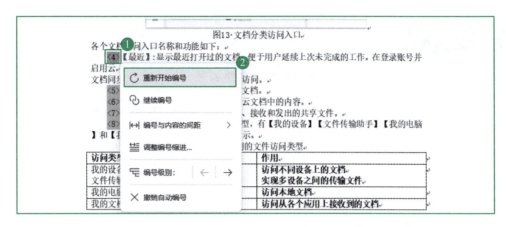

图 1-62　重新开始编号

1.2.2　应用标题样式与多级编号

应用标题样式与多级编号能够实现文档结构的规范化和层次化，便于内容梳理及快速定位，有利于保持文档格式的一致性，提升阅读体验。下面为《WPS界面与通用功能介绍（节选）》中的部分文本应用项目符号和设置多级编号，效果如图 1-63 所示，具体要求如下：

微课 1-7
应用标题样式
与多级编号

1）根据要求设置不同级别的标题样式并分别应用到文档中。

2）为文档中不同级别的文本设置多级编号。

WPS界面与通用功能介绍（节选）

第1章　WPS一站式融合办公

1.1　WPS首页

打开WPS Office首先看到的界面便是【WPS首页】，默认情况下【WPS首页】位于标签页最左侧，其整合了多种服务的入口，也是工作起始页。用户可以从【WPS首页】开始和延续各类工作任务，如新建文档、访问最近使用过的文档和查看日程等，让办公更加轻松与便捷。WPS首页根据功能主要分为六大功能区，分别是：全局搜索框、设置、账号、主导航、文件列表、文档详情面板，如图1-1所示。

图 1-63　应用标题样式与多级编号的效果

➢ **知识技能点**

- 标题样式的设置与应用
- 多级编号的使用及自定义设置

知识窗

标题样式和多级编号

在长文档的编写与排版过程中，标题样式和多级编号可以提升内容的层次感、逻辑性和可读性。

标题样式主要用于区分文档中的各个章节或部分，形成清晰的段落层级。在 WPS 文字中，标题样式预设了一系列格式规范，包括字体大小、颜色、加粗、斜体、行距、缩进等元素，使得不同级别的标题在视觉上呈现出显著差异。例如，1 级标题通常较大且突出，2 级标题次之，以此类推。正确应用标题样式不仅有助于快速把握文档的整体框架和主题脉络，还便于通过使用目录功能自动生成文档大纲，方便导航查阅。

多级编号则是对有序列表进行分层标识的一种方法，尤其适用于法律条文、规章制度、学术论文等需要严格遵循逻辑顺序和层级关系的文档。在 WPS 文字中可以设置多个级别的编号样式，如 1.1、1.1.1 等形式，对应不同的章节、小节等。通过这种方式，不仅可以直观展现各部分内容之间的从属和并列关系，也有助于后续修订和更新时保持整体结构的一致性。

➤ **任务实施**

（1）设置 1 级标题样式

在"开始"选项卡中右击"标题 1"样式，在弹出的快捷菜单中选择"修改样式"命令，如图 1–64 所示，打开"修改样式"对话框，设置中文字体格式为：宋体、小二、加粗、居中对齐、1.5 倍行距，设置西文字体为 Times New Roman，其他设置与中文保持一致，如图 1–65 所示；接着，在"修改样式"对话框中，单击"格式"下拉按钮，在下拉列表中选择"段落"选项，在"修改样式"对话框中设置"段前""段后"间距均为15 磅，其他设置保持默认，单击"确定"按钮，如图 1–66 所示。

（2）设置 2 级标题样式

重复以上步骤，设置 2 级标题样式为：中文字体为宋体、西文字体为 Times New Roman，三号、不加粗、左对齐、"段前"与"段后"间距均为 13 磅。

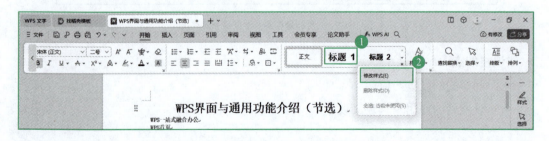

图 1–64 选择"修改样式"命令

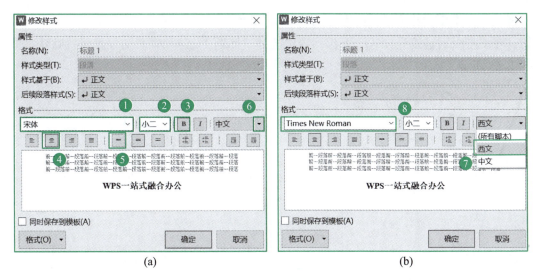

图 1-65　设置标题 1 的中文与西文字体格式

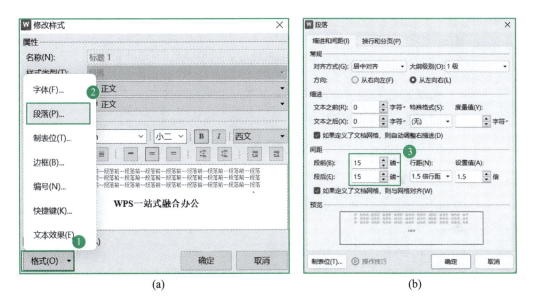

图 1-66　设置标题 1 段前段后间距

（3）应用标题样式

选中文档中所有红色文本，应用 1 级标题样式；选中文档中所有绿色文本，应用 2 级标题样式。

（4）打开"自定义多级编号"对话框

单击"开始"→"编号"下拉按钮，在下拉列表中选择"自定义编号"选项。在打开的"项目符号和编号"对话框中，单击"多级编号"选项卡，选择第 2 行第 2 个预设列表，单击"自定义"按钮，如图 1-67 所示，打开"自定义多级编号列表"对话框。

（5）设置 1 级编号格式

在"自定义多级编号列表"对话框中，选择"级别"列表中的"1"选项，在"编号格式"文本框中输入"第①章"，并在文字后面增加一个空格，然后单击"高级"按钮，在"将级别链接到样式"下拉列表中选择"标题1"选项，其他设置保持默认，如图1-68所示。

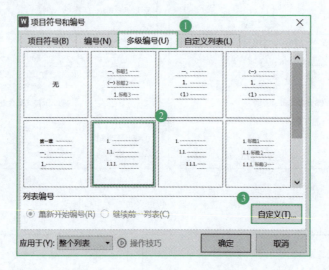

图1-67　"项目符号和编号"对话框

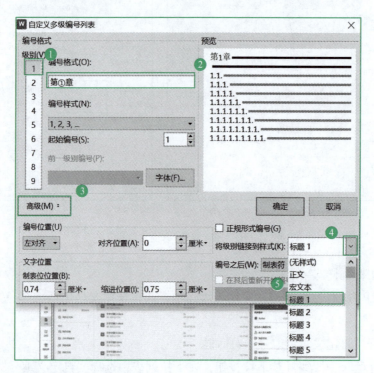

图1-68　设置1级编号格式

（6）设置2级编号格式

在"自定义多级编号列表"对话框中，选择"级别"列表中的"2"选项，在"编号格式"文本框中删除末尾的"."并增加一个空格，在"将级别链接到样式"下拉列表中选择"标题 2"选项，勾选"在其后重新开始编号"复选框，确认从 1 级编号后重新开始编号，其他设置保持默认，如图 1-69 所示，单击"确定"按钮。

（7）保存文档

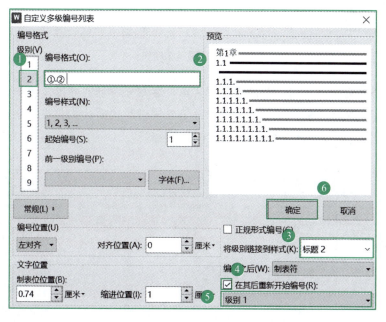

图 1-69　设置 2 级编号格式

1.2.3　设置分隔符

在 WPS 文字中设置分隔符主要用于分隔文档的不同部分，以便于为各个部分独立设置格式和布局。通过插入分节符，可灵活管理章节、页眉页脚样式、页面方向、页码编排等属性，实现复杂文档的差异化排版需求。下面在《WPS 界面与通用功能介绍（节选）》中的每一章后面插入下一页分节符，效果如图 1-70 所示。

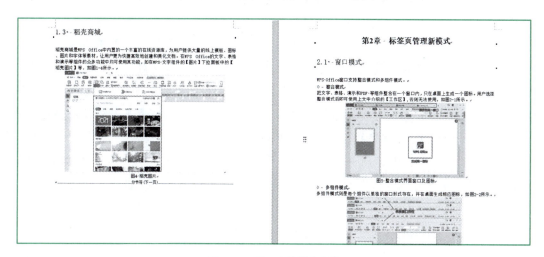

图 1-70　插入分节符的效果

> **知识技能点**
> ● 分隔符的设置

分　隔　符

在长文档的编排过程中，分隔符能为文本内容划分清晰的界限，确保文档结构有序且易于阅读。WPS 文字提供了多种类型的分隔符来满足不同的文档布局需求，包括分页符、分栏符、换行符、多种分节符，如图 1-71 所示。

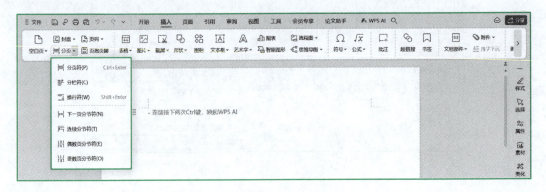

图 1-71　WPS 文字中的分隔符

其中，分页符和分节符最为常用。

分页符是一种指示新一页开始的特殊标记，在 WPS 文字中插入分页符意味着当前位置之后的内容将从新的一页起始显示。这对于控制章节起始位置、制作目录、表格跨页等场景非常有用，可以在"插入"选项卡的"分页"下拉列表中选择插入一个手动分页符，确保内容不会因为自动换行或格式调整而移动到下一页的不恰当位置。

分节符的作用更为复杂和灵活，它不仅能够实现分页的效果，更重要的是允许在文档的不同部分独立设置不同的页面格式。例如，可以在一章结束后使用分节符来创建一个新的节，以便于更改纸张大小、方向（横向或纵向）、页边距、页眉/页脚样式及页码格式等。对于编排包含不同页面布局要求的长文档（如附录、目录、正文各部分有不同的页眉和页码格式），分节符的应用是必不可少的。

在 WPS 文字中合理运用分页符和分节符，不仅可以提升文档的专业性和规范性，还能有效解决复杂文档结构设计的问题，确保信息层次分明、过渡自然，同时便于后期编辑和更新。

➤ **任务实施**

将光标定位于每一章节的末尾，单击"插入"选项卡→"分页"下拉按钮，在下拉列表中选择"下一页分节符"选项，如图 1-72 所示，插入分节符。

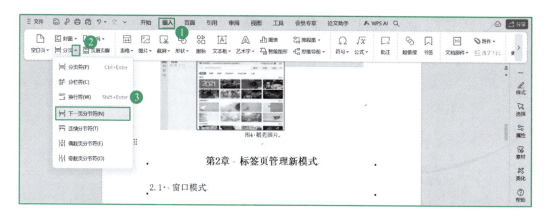

图 1-72 插入分节符

 自主探究

如果分页符或分节符没有显示在文档中，可以单击"开始"→"显示/隐藏编辑标记"下拉按钮，在下拉列表中选择"显示/隐藏段落标记"选项即可；如果要取消分页或分节，可以将光标定位于分节符或分页符前面，按 Delete 键即可删除，具体操作请自主探究。

1.2.4 插入题注和脚注

题注主要用于为文档中的图片、表格等非文本元素进行编号和标注，便于读者理解其内容和顺序；而脚注则用于在页面底部提供与正文相关但不宜直接插入正文的补充信息或注释说明，两者共同提升了文档的完整性和可读性。下面分别为《WPS 界面与通用功能介绍（节选）》中的部分文本、图片和表格添加脚注和题注，效果如图 1-73 所示，具体要求如下：

微课 1-8
插入题注和
脚注

1）为文本"WPS 界面与通用功能介绍（节选）"插入脚注内容"文本资料来源于北京金山办公软件股份有限公司"。

2）在文档中所有图片的下方添加题注，体例为"图 ×-× 图名"。

3）在文档中所有表格的上方添加题注，体例为"表 ×-× 表名"。

WPS界面与通用功能介绍（节选）[1]

第1章   WPS一站式融合办公

1.1   WPS首页

打开WPS Office首先看到的界面便是【WPS首页】，默认情况下【WPS首页】位于标签页最左侧，其整合了多种服务的入口，也是工作起始页。用户可以从【WPS首页】开始和延续各类工作任务，如新建文档、访问最近使用过的文档和查看日程等，让办公更加轻松与便捷。WPS首页根据功能主要分为六大功能区，分别是：全局搜索框、设置、账号、主导航、文件列表、文档详情面板，如图1-1所示。

图 1-1 WPS首页功能区构成

◊   **全局搜索框**

全局搜索框拥有强大的搜索功能。它支持搜索本地文档、云文档、应用、模板、Office技巧及支持访问网址。在全局搜索框中输入搜索关键字后，全局搜索栏下方会根据搜索内容展开搜索结果面板。

◊   **设置**

设置区包括3个按钮，名称及其功能如下：

〈1〉意见反馈按钮：打开WPS服务中心，查找和解决使用中遇到的问题，还可以通过微信扫一扫快速联系客服进行问题和意见的反馈。

〈2〉皮肤设置按钮：打开皮肤中心，切换WPS的界面皮肤。

〈3〉全局设置按钮：可进入设置中心、启动配置和修复工具、查看WPS版本号等，可设置文档的云端同步匹配、切换窗口管理模式等。

◊   **账号**

账号区为显示个人账号信息区域。单击此处按提示操作即可登录，登录后在此处显示用户头像及会员状态，单击头像可打开个人中心进行账号管理。

◊   **主导航**

主导航分为两大部分：上部分为核心服务区域，包括文档的新建、打开、查阅/编辑和日历共4个固定功能，可快速新建、定位和访问文档及安排日程；下部分区域用户可根据个人习惯，单击最下方的应用入口进入【应用中心】，自定义增减应用。此外，还可以通过右击网页标签，将网页固定到主导航中方便访问。

---

[1] 文本资料来源于北京金山办公软件股份有限公司

图 1-73   插入脚注和题注的效果

➤ **知识技能点**
- 脚注的设置
- 题注的设置

 知识窗

常用的注释方式

题注、脚注和尾注是长文档中 3 种常用的注释方式，位于 WPS 文字的"引用"选项卡中，正确地选择注释方式可以在正文外提供额外的信息和解释，帮助读者加深对正文内容的理解。

题注通常用于标识和解释图表、图片、表格等非文字元素。在长文档中，当插入图像或表格时，为其添加一个简短而精确的题注至关重要，它能够清晰地说明该元素的内容、数据来源、版权信息或者重要性等。题注通常位于所注解元素的下方，并且可以自动编号以方便引用。

脚注是指位于页面底部、与正文文本相对应的注释信息。在正文中特定词语或句子之后添加脚注符号（如数字、星号等），然后在同页底部给出详细解释或补充资料。脚注常用于提供详尽的背景知识、引文出处、争议观点解析等，旨在不影响正文阅读流畅性的前提下提供更深入的解读。

尾注与脚注类似，也是对正文内容的补充说明，但尾注的位置并不在每页的底部，而是在文档主体结束后集中排列。使用尾注时，正文中的相关符号同样会链接到文档末尾的注释区。尾注适用于注释内容较多、不便于分散在各页底部的情况，它能使正文部分保持整洁，同时确保注释信息系统的完整性。

题注、脚注和尾注作为学术写作和专业文档的标准组成部分，不仅体现了严谨的学风和规范的文献引用习惯，还极大地增强了文本的可信度和可读性，有助于读者全面理解和评价作者的观点及论据。

➤ **任务实施**

（1）插入脚注

选中文本"WPS 界面与通用功能介绍（节选）"，单击"引用"→"插入脚注"按钮，如图 1–74 所示，此时页面下方会出现脚注位置，在其中输入注释内容："文本资料来源于北京金山办公软件股份有限公司"，如图 1–75 所示。

（2）在文档中的图片下方添加题注

复制文档中图 1 后面的图名文本"WPS 首页功能区构成"，选中第一张图片，单击"引用"→"题注"按钮，打开"题注"对话框，选择"图"标签，在"题注"文本框中的"图 1"文字后空一个格，再粘贴刚才复制的图名，单击"编号"按钮，在打开的

"题注编号"对话框中勾选"包含章节编号"复选框，其他设置保持默认，单击"确定"按钮，如图 1-76 所示，完成后删除原来的注释，如图 1-77 所示。按照相同的方法，逐一为文档中的其他图片添加题注。

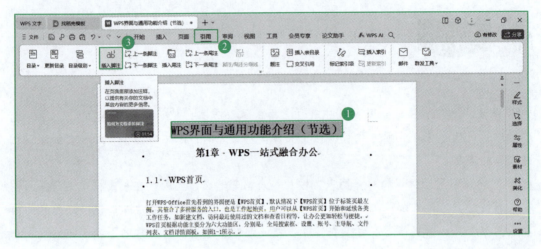

图 1-74　插入脚注

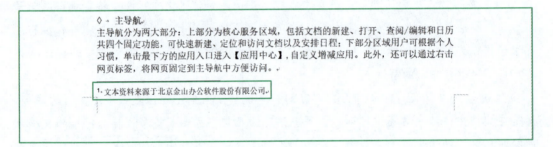

图 1-75　录入脚注文本

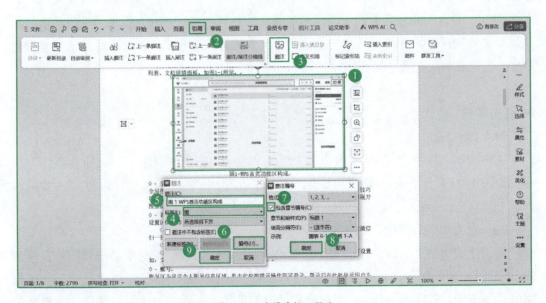

图 1-76　为图片插入题注

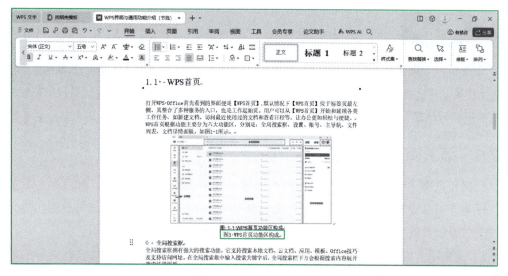

图 1-77　删除原来的注释

（3）在文档中的表格上方添加题注

复制表 1 后面的表名文本，选中表格，单击"引用"→"题注"按钮，打开"题注"对话框，选择"表"标签，设置其位置位于"所选项目上方"，在"题注"文本框中的"表 1"文字后空一个格，再粘贴刚才复制的表名，单击"编号"按钮，在打开的"题注编号"对话框中勾选"包含章节编号"复选框，其他设置保持默认，单击"确定"按钮，如图 1-78 所示，设置居中对齐，完成后删除原来的注释，效果如图 1-79 所示。

（4）保存文档

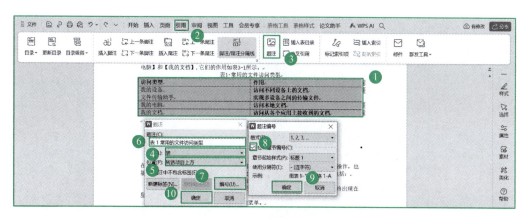

图 1-78　为表格插入题注

表·3-1·常用的文件访问类型	
访问类型	作用
我的设备	访问不同设备上的文档
文件传输助手	实现多设备之间的传输文件
我的电脑	访问本地文档
我的文档	访问从各个应用上接收到的文档

图 1-79　为表格插入题注的效果

如果需要对脚注和尾注等进行自定义设置，可将光标定位于脚注或尾注上并右击，在弹出的快捷菜单中选择"脚注和尾注"命令，打开"脚注和尾注"对话框，在对话框中可以设置脚注或尾注的位置、起始编号、编号方式、应用范围、编号格式等，具体操作请自主探究。

1.2.5　插入页眉和页脚

页眉和页脚主要用于在文档每一页的顶部或底部添加连续性信息，如页码、章节标题、日期等，以提升文档的整体质量和阅读便利性。下面为《WPS 界面与通用功能介绍（节选）》添加页眉文本和页脚页码，效果如图 1-80 所示，具体要求如下：

1）在文档页眉处添加文本"任何单位和个人不得擅自摘抄、复制本文档内容的部分或者全部，不得以任何形式传播。"

2）在文档页脚中添加页码。

微课 1-9
插入页眉和
页脚

图 1-80　插入页眉页脚的效果

➤ **知识技能点**

● 页眉和页脚的设置

页眉和页脚

　　页眉和页脚位于每一页顶部和底部的固定区域，承载着丰富的信息内容，并且对文档的整体结构化和规范性起着关键作用，通过合理利用和设计页眉和页脚，可以显著提升长文档的专业性和阅读体验，确保信息传递的有效性和完整性，WPS 文字中的"页眉页脚"选项卡如图 1-81 所示。

图 1-81 "页眉页脚"选项卡

　　页眉位于页面顶端，通常包含与文档整体或章节相关的标题、子标题、作者名称、文档标题、日期、章节编号等信息。在学术论文中，页眉常常用于展示文档的简短标题或者连续的页码，以便于在翻阅时快速识别当前所在的位置及上下文关系。此外，在专业报告和书籍中，页眉还可用来重复显示重要的主题信息，增强文档的连贯性和一致性。

　　页脚则位于页面底部，其功能与页眉相似但侧重不同。在页脚中，常见的元素包括页码、版权信息、公司徽标、文档创建或修订日期、版权声明、引用文献的注释链接（如尾注或脚注的标记）等。特别是在多章节或长篇文档中，页脚的页码设置能够帮助读者轻松追踪和定位，极大地提高了查阅效率。

➤ **任务实施**

（1）插入页眉并进行文本格式设置

　　单击"插入"→"页眉页脚"按钮，如图 1-82 所示，在页眉编辑区输入文字"任何单位和个人不得擅自摘抄、复制本文档内容的部分或者全部，不得以任何形式传播。"，并设置文本字体为"宋体"、字号为"8"、对齐方式为"居中对齐"，如图 1-83 所示。

图 1-82 "页面页脚"按钮

图 1-83　设置页眉文本格式

（2）在文档页脚中添加页码

单击页脚编辑区→"插入页码"下拉按钮，在下拉列表中选择位置为"居中"、应用范围为"本页及之后"，其他保持默认设置，单击"确定"按钮，如图 1-84 所示。

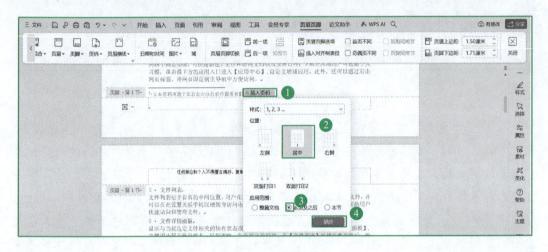

图 1-84　页码设置

（3）保存文档

双击页面其他空白区域或者单击"页眉页脚"→"关闭"按钮，如图 1-85 所示，退出"页眉页脚"编辑模式，保存文档。

图 1-85　退出"页眉页脚"编辑模式

自主探究

如果在排版时要区分首页或奇数页与偶数页，可以在"页眉页脚"选项卡的"页面不同设置"选区中根据需要进行设置。如果想让页眉在特定的页面显示横线，可以在

"显示页眉横线"选区中进行设置。此外，"页眉页脚"选项卡中还提供了多种美化页眉页脚的功能，具体操作请自主探究。

1.2.6　设置大纲级别和应用"导航窗格"

设置大纲级别有助于对文档内容进行层次结构化管理，通过调整各段落的大纲级别可以直观展示文章的逻辑框架和组织结构；而应用"导航窗格"功能能够快速定位文档中的各个标题与章节，方便在长篇文档中高效跳转和编辑不同部分，有效提升工作效率。下面为《WPS 界面与通用功能介绍（节选）》的文本设置大纲级别，并应用"导航窗格"，效果如图 1-86 所示，具体要求如下：

微课 1-10
设置大纲级别
和应用"导航
窗格"

1）在大纲视图下，分别设置文档所有 1 级标题、2 级标题为对应的大纲级别、蓝色文本为 3 级，其余均为正文。

2）应用"导航窗格"，靠左显示，目录层级显示到 2 级目录。

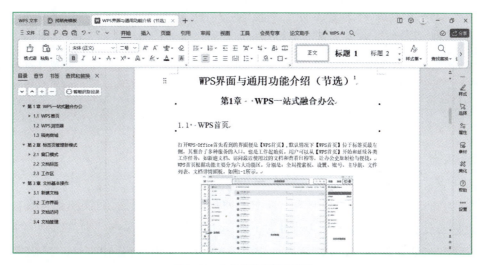

图 1-86　应用导航窗格效果图

➤ **知识技能点**
- 在大纲视图下编辑文档
- 导航窗格的应用

　知识窗

视　图　模　式

在 WPS 文字的"视图"选项卡中，提供了多种视图模式以满足用户不同场景下的工作需求，包括全屏显示、阅读版式、写作模式、页面视图、大纲视图、Web 版式视图，如图 1-87 所示。

图 1-87   "视图"选项卡

全屏显示模式旨在减少视觉干扰，最大化文档内容的可视区域。在此模式下，工具栏、菜单和其他界面元素会被隐藏，可以专注于文档本身，尤其适用于需要集中注意力进行阅读或展示文档的场合。

阅读版式是 WPS 文字新增的视图模式，方便用户以阅读图书的形式进行展示，可以便捷使用目录导航、显示批注、突出显示、查找等功能。

页面视图是 WPS 中最接近打印效果的视图模式，可以看到包括页眉、页脚、页边距、图片位置等在内的精确布局，便于对文档进行全面排版设计和细节调整。

大纲视图着重于文档结构的组织与管理，将文档的内容按照标题层级呈现为缩进列表形式。在大纲视图下，可以便捷地查看、修改和重组文档的大纲结构，调整章节、段落及更改标题级别。对于长篇报告、论文或者复杂文档的编写尤为有用，通过直观的操作调整标题层级关系，有助于确保内容逻辑清晰，层次分明。

Web 版式视图模拟了网页布局的效果，使得文档在网页环境下浏览时能保持良好的自适应性。在该模式下，文本和图像会自动换行和灵活布局，便于预览和编辑在线发布文档。

➤ 任务实施

（1）设置大纲级别

单击"视图"→"大纲"按钮，如图 1-88 所示，切换到大纲视图，将光标定位在 1 级标题处，检查其大纲级别是否为 1 级，如果不是，则单击"大纲级别"下拉按钮，在下拉列表中选择"1 级"选项，如图 1-89 所示，按照相同的方法，将文档中所有 1 级标题、2 级标题、蓝色文本的大纲级别分别设置为 1 级、2 级、3 级，其余均为正文。

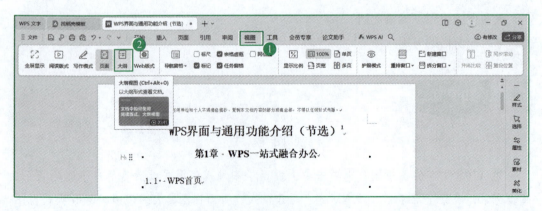

图 1-88   进入大纲视图

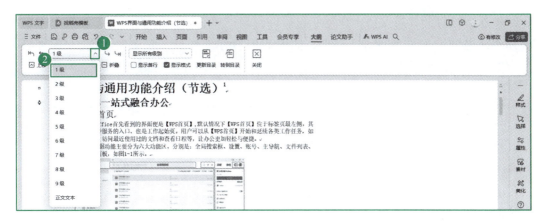

图 1-89　设置大纲级别

自主探究

在设置标题样式时也可设置大纲级别，具体操作为：在"开始"选项卡中右击需要更改的标题样式，在弹出的快捷菜单中选择"修改样式"选项，在打开的"修改样式"对话框中，选择"格式"→"段落"命令，在弹出的对话框中即可设置大纲级别。

知识窗

导 航 窗 格

在长文档的编排和阅读过程中，导航窗格是一项非常实用且高效的工具。WPS 文字将常用的"文档结构图"和 WPS 特色的"章节导航"整合进了全新的"导航窗格"中，使目录、章节、书签、查找和替换功能合而为一，更为简洁和高效，其通常位于 WPS 文字处理软件界面的左侧或右侧，提供了直观、便捷的内容浏览与跳转方式。导航窗格的主要功能特性如下。

章节结构概览：导航窗格以大纲的形式展示文档的所有章节标题及其层级关系，可以一目了然地看到文档的整体框架和组织结构。

快速定位内容：通过单击导航窗格中的各个标题项，可以立即跳转到对应章节的具体位置，大大提升了查阅特定内容的速度，避免了手动滚动页面寻找信息的过程。

移动与调整章节顺序：在导航窗格中，可以直接拖曳各章节标题进行重新排序，该操作会同步更新文档的实际内容顺序，使得文档结构调整变得轻松简单。

（2）应用导航窗格

单击"视图"→"导航窗格"下拉按钮，在下拉列表中选择"靠左"显示，如

图 1-90 所示，打开导航窗格，在导航窗口的空白区域右击，在弹出的快捷菜单中选择
"显示目录层级"→"2 级目录"命令，如图 1-91 所示。

（3）保存文档

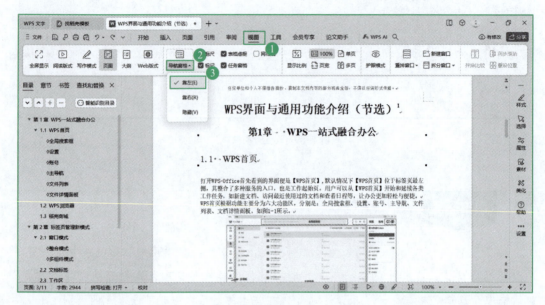

图 1-90　将导航窗格靠左显示

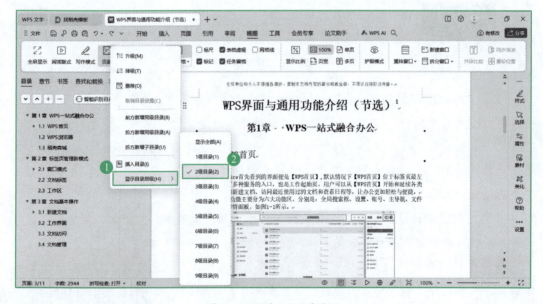

图 1-91　设置显示目录层级

1.2.7　插入封面页和目录页

封面页包含了文档主题和基本信息，目录页则如同内容地图，列举各章节标题及其
对应页码，便于迅速定位感兴趣的内容，从而显著增强文档的可读性和使用便利性。下

面为《WPS 界面与通用功能介绍（节选）》添加封面页和目录页，效果如图 1-92 所示，具体要求如下：

微课 1-11
插入封面页和
目录页

1）为文档插入封面页并进行美化。

2）为文档添加目录页并进行格式设置。

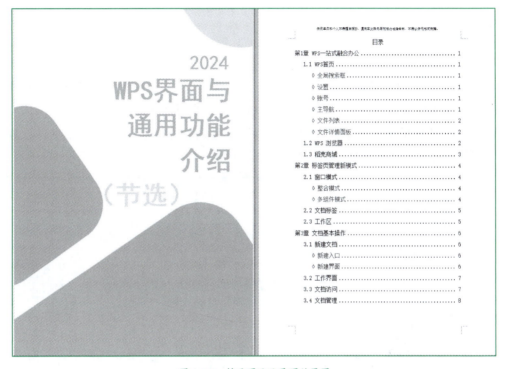

图 1-92　封面页及目录页效果图

➤ **知识技能点**

● 封面页的设置

● 目录页的引用与美化

　知识窗

封　面　页

封面页通常位于文档的起始位置，作为整个文档的"门面"，它包含了文档的基本信息和视觉元素，一般包括但不限于：文档标题、作者姓名、完成日期、单位或机构名称、LOGO 等。封面设计力求简洁明了且引人注目，通过精美的布局和恰当的配图，既能体现文档主题的重要性，又能展现作者的严谨态度和审美水准。在 WPS 文字中，可以单击"插入"→"封面"下拉按钮，使用预设的封面模板快速生成封面，也可以根据实际需求进行个性化定制。

目 录 页

目录页紧随封面页之后，可以提供一个清晰的内容导航框架，依据文档内部各章节标题及其层级关系自动生成，包含各个部分的标题及对应的页码，方便读者迅速定位到所需查阅的部分。在 WPS 文字中，可以通过应用标题样式来标记文档的各级标题，或者在大纲视图下设置标题级别，然后选择"引用"→"自动目录"选项生成目录页。

➤ **任务实施**

（1）插入封面页

将光标定位于文稿之前，单击"插入"→"封面"下拉按钮，在下拉列表中选择预设封面页中的第 3 种封面样式，如图 1-93 所示，更改封面文字及格式，文本字体均设置为"黑体""加粗显示"，其中文本"2024"字号设置为"48"，其余文本字号设置为"65"，删除封面页上多余的文本框，如图 1-94 所示。

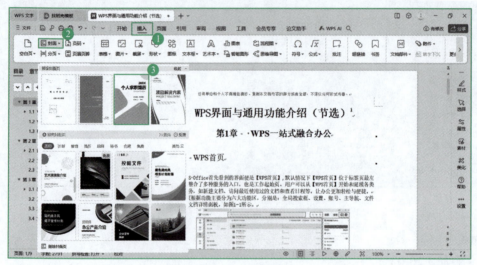

图 1-93　插入封面页

图 1-94　编辑封面文字

（2）美化封面页，设置文本颜色

选中"2024"文本，单击"开始"→"字体颜色"下拉按钮，在下拉列表中选择"取色器"选项，如图 1-95 所示，用取色器吸取封面上的橙色；按照相同的方法分别将"WPS 界面与通用功能介绍""（节选）"的文本字体颜色设置为封面的蓝色和黄色，效果如图 1-96 所示。

图 1-95 使用"取色器"设置字体颜色

图 1-96 封面页效果

（3）添加目录页

将光标定位于文稿之前，单击"引用"→"目录"下拉按钮，在下拉列表中选择"自动目录"选项，如图 1-97 所示，生成目录。

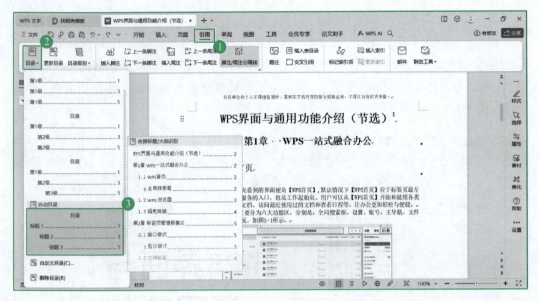

图1-97　引用自动目录

（4）美化目录页

选中所有目录文本，设置字体为"宋体"、字号为"四号"、行距为"1.5倍"，其他设置保持默认。

（5）调整文稿页码

将光标定位于目录页后面或者文稿之前，单击"插入"→"分页"下拉按钮，在下拉列表中选择"下一页分节符"选项，如图1-98所示；插入分节符之后双击目录页页脚处的页码，如图1-99所示；单击出现的"删除页码"下拉按钮，在下拉列表中选择"本页及之前"选项，如图1-100所示，删除封面页和目录页的页码，确保正文的页码从1开始计数。

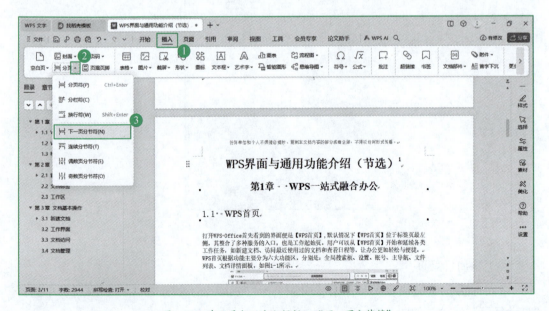

图1-98　在目录与正文之间插入"下一页分节符"

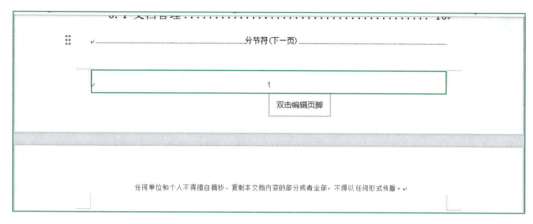

图 1-99　双击目录页页脚进入编辑模式

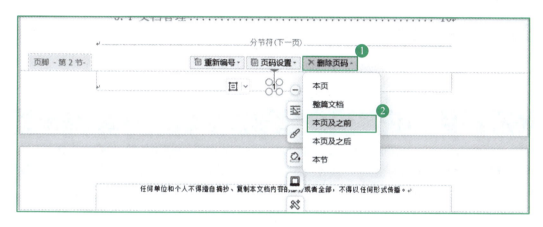

图 1-100　删除目录页及之前的页码

（6）更新目录页

单击"引用"→"更新目录"按钮，打开"更新目录"对话框，选中"只更新页码"单选按钮，单击"确定"按钮，如图 1-101 所示。

（7）保存文档

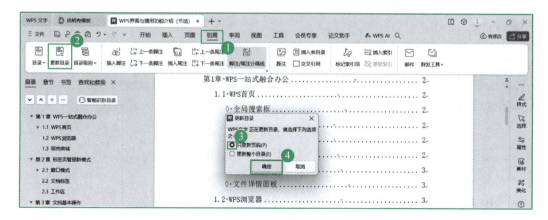

图 1-101　更新目录页码

🔍 职场透视

WPS 文字中的长文档排版功能涵盖了从整体结构规划到细部格式编排的各个环节，极大地提高了职场人士撰写、编辑和排版长文档的工作效率与质量。通过切换视图模式、设置大纲级别，可实现内容的有效规划和层次展现；导航窗格有助于信息快速定位与整合，提高协同效率；个性化的项目符号、编号及标题样式可确保文档统一且专业，体现严谨的工作态度；分页符和分节符等分隔符的运用，则有助于实现精准的页面布局控制，插入目录功能会根据文档中已设定的大纲级别自动抓取并生成标题，且支持目录更新，确保即使正文内容有变动，目录链接仍能保持实时有效；脚注、尾注及题注等功能则为学术引用、图表注释等提供了规范化的处理方式；封面页、目录页设计及页眉页脚设置兼顾美观与专业性，彰显细节关注和精益求精的精神。

🔍 职业技能要求

职业技能要求见表 1–3。

表 1–3　本任务对应 WPS 办公应用职业技能等级认证要求（中级）

工作任务	职业技能要求
长文档的查阅	① 了解视图模式，并能够使用大纲视图进行文档的编辑工作，如设置大纲级别； ② 能够使用"导航窗格"进行快速精确定位以查阅、编辑相应段落或页面
长文档的排版	① 能够使用自定义项目符号和编号； ② 能够应用标题样式与多级编号，并能利用创建新样式、修改与删除样式对文档进行排版； ③ 能够应用分页符、分节符等分隔符； ④ 能够插入目录、更新目录，插入脚注、尾注、题注等； ⑤ 能够应用章节工具插入封面页、目录页； ⑥ 能够应用页眉和页脚，包括为奇偶页创建不同的页眉和页脚、设置页码等

🔍 任务测试

一、单项选择题

1. 为了快速定位文档中的特定段落或标题，在 WPS 文字中可以使用（　　　）功能。

  A. 搜索替换   B. 导航窗格

  C. 书签   D. 文档结构图

2. 如果需要为文档创建多级标题并自动更新目录，具体操作为（　　　）。

  A. 手动逐个设置字体大小和缩进，并插入页码

  B. 应用内置的标题样式，并通过"引用"选项卡生成目录

  C. 使用大纲级别设定后直接插入分节符来实现层级划分

D. 利用"页面布局"选项卡中的"分隔符"功能设置标题层级

3. 当文档内容更新后，若要保持目录与正文标题的一致性，应当进行的操作是（　　）。

A. 删除原有目录后重新手动输入

B. 将光标置于目录处按 F5 键刷新域

C. 单击"引用"选项卡中的"更新目录"按钮

D. 保存文档并关闭后再重新打开

4. 关于在文档中插入脚注和尾注，正确的描述是（　　）。

A. 脚注通常出现在当前页的底部，而尾注则集中显示于文档结尾

B. 只能在"插入"选项卡中插入脚注，无法插入尾注

C. 脚注和尾注不能包含超链接或交叉引用

D. 已插入的脚注或尾注一旦创建则不可修改

5. 若要在文档中插入图片、表格等元素的自动编号标签，应使用（　　）功能。

A. 图片标题　　　　　　　　　　B. 标题样式

C. 题注　　　　　　　　　　　　D. 引文管理器

二、多项选择题

1. 在编辑长文档时，如需在指定位置强制开始新一页，应插入（　　）。

A. 分页符　　　　　　　　　　　B. 分栏符

C. 连续分节符　　　　　　　　　D. 下一页分节符

E. 换行符

2. 在 WPS 文字中，下列（　　）功能有助于优化长文档的编辑与管理。

A. 使用大纲视图设置并调整大纲级别

B. 利用"导航窗格"快速定位和编辑段落或页面

C. 在每一页都插入分页符以便于独立编辑各部分

D. 创建新样式、修改与删除样式以实现标题样式与多级编号排版

E. 仅在首页插入封面，并在末尾插入目录

三、实操题

操作要求：

为文章"绿色发展：铺就人与自然和谐共生之路"进行排版，效果如图 1-102 所示，具体要求如下：

1）为文档中的蓝色字体设置自定义项目符号，符号为◎。

2）使用样式设计各级标题，具体要求如下：

① 将文档中的蓝色字体设置为 1 级标题，格式为黑体、三号、加粗、无缩进、1.5 倍行距。

② 将文档中的绿色字体设为 2 级标题，格式为黑体、四号、首行缩进 2 字符、1.5 倍行距。

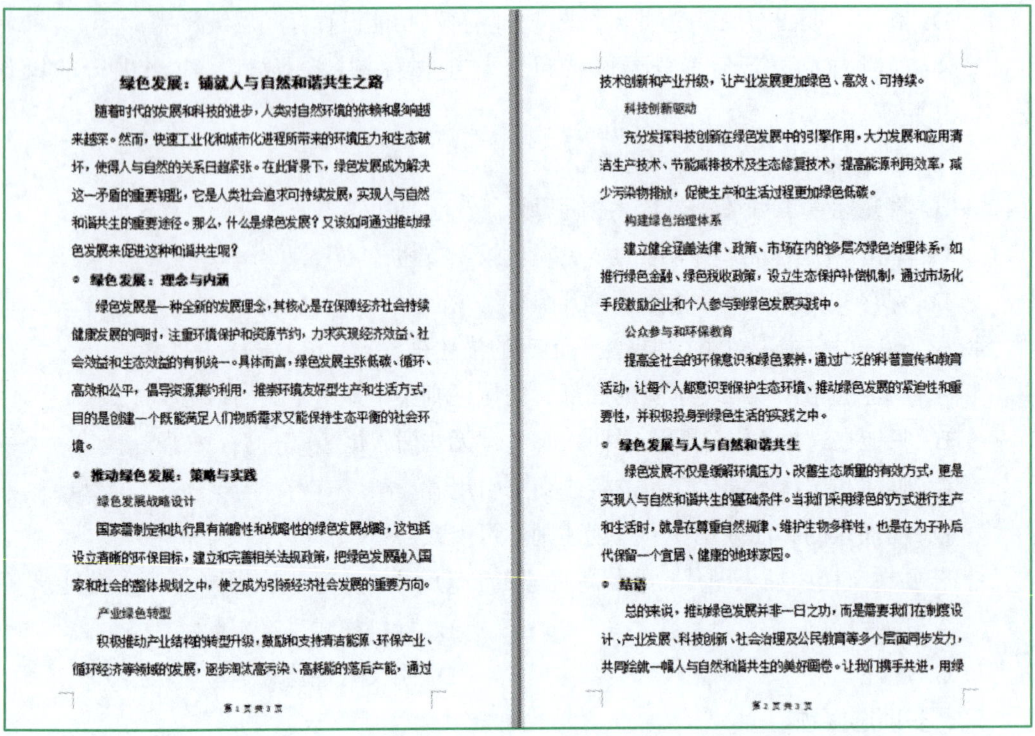

绿色发展：铺就人与自然和谐共生之路

随着时代的发展和科技的进步，人类对自然环境的依赖和影响越来越深。然而，快速工业化和城市化进程所带来的环境压力和生态破坏，使得人与自然的关系日趋紧张。在此背景下，绿色发展成为解决这一矛盾的重要钥匙，它是人类社会追求可持续发展，实现人与自然和谐共生的重要途径。那么，什么是绿色发展？又该如何通过推动绿色发展来促进这种和谐共生呢？

• 绿色发展：理念与内涵

绿色发展是一种全新的发展理念，其核心是在保障经济社会持续健康发展的同时，注重环境保护和资源节约，力求实现经济效益、社会效益和生态效益的有机统一。具体而言，绿色发展主张低碳、循环、高效和公平，倡导资源集约利用，推崇环境友好型生产和生活方式，目的是创建一个既能满足人们物质需求又能保持生态平衡的社会环境。

• 推动绿色发展：策略与实践

绿色发展战略设计

国家需制定和执行具有前瞻性和战略性的绿色发展战略，这包括设立清晰的环保目标，建立和完善相关法规政策，把绿色发展融入国家和社会的整体规划之中，使之成为引领经济社会发展的重要方向。

产业绿色转型

积极推动产业结构的转型升级，鼓励和支持清洁能源、环保产业、循环经济等领域的发展，逐步淘汰高污染、高耗能的落后产能，通过

第1页共3页

技术创新和产业升级，让产业发展更加绿色、高效、可持续。

科技创新驱动

充分发挥科技创新在绿色发展中的引擎作用，大力发展和应用清洁生产技术、节能减排技术及生态修复技术，提高能源利用效率，减少污染物排放，促使生产和生活过程更加绿色低碳。

构建绿色治理体系

建立健全涵盖法律、政策、市场在内的多层次绿色治理体系，如推行绿色金融、绿色税收政策，设立生态保护补偿机制，通过市场化手段激励企业和个人参与到绿色发展实践中。

公众参与和环保教育

提高全社会的环保意识和绿色素养，通过广泛的科普宣传和教育活动，让每个人都意识到保护生态环境、推动绿色发展的紧迫性和重要性，并积极投身到绿色生活的实践之中。

• 绿色发展与人与自然和谐共生

绿色发展不仅是缓解环境压力、改善生态质量的有效方式，更是实现人与自然和谐共生的基础条件。当我们采用绿色的方式进行生产和生活时，就是在尊重自然规律、维护生物多样性，也是在为子孙后代保留一个宜居、健康的地球家园。

• 结语

总的来说，推动绿色发展并非一日之功，而是需要我们在制度设计、产业发展、科技创新、社会治理及公民教育等多个层面同步发力，共同绘就一幅人与自然和谐共生的美好画卷。让我们携手共进，用绿

第2页共3页

图 1-102 “绿色发展：铺就人与自然和谐共生之路”排版效果图

3）为文档插入页码，格式为“第 1 页，共 × 页”，在页脚居中显示。

任务验收

任务验收评价表见表 1-4，可对本节任务的学习情况进行评价。

表 1-4 任务验收评价表

任务评价指标				
序号	内容	自评	互评	教师评价
1	能设置自定义项目符号			
2	能设置自定义项目编号			
3	能应用、修改、创建标题样式			
4	能设置、修改多级编号			
5	能根据需要应用不同的分隔符			
6	能根据需要插入脚注、尾注、题注			
7	能设置页眉和页脚			
8	能使用大纲视图进行文档的编辑工作			
9	能应用导航窗格			
10	能插入、美化、更新目录			
11	能插入、美化封面页			

任务 1.3　移动端排版美化企业内刊

🔍 任务情境

移动端排版美化
企业内刊

PPT

　　企业内刊不仅是承载和传播企业文化理念的重要载体，也是内部沟通机制和外部关系管理的有效组成部分，应积极反映企业顺应双循环新发展格局，拓展国际市场、提高产业链供应链稳定性和现代化水平的具体行动，以此激发全体员工把握机遇、应对挑战的决心和信心。在数字化办公日益普及的今天，某国产办公软件公司注重移动办公场景下的企业内刊编辑与美化工作，以展现其与时俱进的企业文化。员工小欣接到了一项临时任务：对公司的最新一期企业内刊的首页进行编辑与设计，但是刚好此时出门在外没有带电脑，小欣决定使用 WPS Office 移动端应用进行排版。

1.3.1　处理图片

　　在 WPS Office 移动端文字文本中，利用旋转对象功能允许自由改变对象的角度，以适应不同的设计需求和视觉效果；利用裁剪功能可以去除图片多余部分或选择特定区域进行保留，从而聚焦于重要信息或适配设计需求；通过调整图片大小和角度可以按需缩放图片尺寸以适应文档布局，或者旋转图片至合适的方向。下面对金山办公企业内部期刊（企业内刊）中的图片进行处理，效果如图 1–103 所示，具体要求如下：

　　1）对刊头中的"金山办公"图片进行旋转及裁剪处理。

　　2）调整"绽放智慧的力量"图片的角度和大小。

案例素材
企业内刊

图 1–103　图片处理的效果

➤ 知识技能点

● 移动端文字文档编辑图片的方法

 知识窗

WPS Office 移动端

WPS Office 移动端是金山办公开发的一款功能强大的移动办公应用程序，专为智能手机和平板电脑用户设计。这款应用程序兼容主流的文档格式，并提供一站式的 AI 智能办公解决方案。在 WPS Office 移动端中，可以创建、查看、编辑和分享各类文档，享受跨平台的云端同步服务，确保文档在不同设备间无缝切换。它具有内存占用低、运行速度快的特点，并针对移动设备屏幕优化了界面交互，在移动环境下也能高效处理日常工作。此外，WPS Office 移动端还支持 PDF 阅读与编辑、文件拍照和扫描及丰富的稻壳模板库，满足用户多样化的创作需求。通过集成 Wi-Fi 文件传输、远程演示等功能，进一步增强了团队协作与内容展示的能力，使得移动办公更为便捷、智能化。

➤ 任务实施

（1）在移动端文字文档中设置编辑模式

在 WPS Office 移动端中打开企业内刊文档，打开时会默认启动"适应手机"功能，单击"适应手机"按钮，退出适应手机模式，双指在屏幕上同时向内移动，进行捏合操作，缩小屏幕显示比例为 100%，单击屏幕左上角的"编辑"按钮，如图 1-104 所示，进入"编辑"模式。

 **知识窗**

WPS Office 移动端文字文档的图片处理功能

WPS Office 移动端的文字文档应用提供了常用的图片处理功能，可以在手机或平板电脑上便捷地进行文档内图片的编辑与排版。在文字文档中插入图片后，通过触摸操作可调整图片大小、旋转角度及裁剪图像内容，只需简单拖动屏幕上的控制点或利用内置的裁剪工具即可实现。

图 1-104   进入编辑模式

（2）旋转"金山办公"图片

选中刊头中的"金山办公"图片，两次单击"旋转"按钮，如图 1-105 所示。

（3）裁剪"金山办公"图片

保持"金山办公"图片处于选中状态，单击"裁剪"按钮，进入裁剪状态，如图 1-106 所示，拖动修改裁剪区域位置，将图片后方的空白区域裁剪掉，如图 1-107 所示。

图 1-105　旋转"金山办公"图片

图 1-106　对"金山办公"图片选中裁剪功能

图 1-107　裁剪"金山办公"图片后方的空白区域

（4）调整"绽放智慧的力量"图片角度

选中"绽放智慧的力量"图片，图片四周会出现可拖动控制柄和圆点，拖曳图片上方的旋转图标调整至 0°，如图 1-108 所示。

图 1-108　调整"绽放智慧的力量"图片角度为 0°

（5）调整"绽放智慧的力量"图片尺寸

保持"绽放智慧的力量"图片处于选中状态，图片四周会出现可拖动控制柄和圆点，拖曳左下角的控制圆点改变图片的尺寸，如图 1-109 所示。

图 1-109　调整"绽放智慧的力量"图片尺寸

1.3.2　编排美化版面

在 WPS Office 移动端的文字文本编辑中，设置文字环绕方式能够让文字根据插入的对象（如图片）自动排列，实现紧密型、四周型等灵活布局效果；而设置对象的对齐方式则有助于精确调整文档中的图形、图片或文本框等元素与页面边距或其他对象的相对位置关系。金山办公企业内刊中原有刊头的排版方式会导致出现白色色块，影响美观，下面将刊头的文字环绕方式设置为"嵌入型"，效果如图 1-110 所示。

图 1-110　编排美化版面效果图

➢ 知识技能点

●移动端文字文档设置文字环绕方式

 知识窗

WPS Office 移动端文字文档的版面美化功能

WPS Office 移动端的文字文档不仅支持图片的插入与基本编辑，还能满足移动办公环境下对文档美化和专业排版的需求，提供了图片样式和布局选项，可以设置图片的环绕方式，如紧密型、嵌入型等，并能调整图片相对于文本的位置。

➢ 任务实施

选中刊头，单击"绕排"按钮，如图 1-111 所示，在打开的"绘图工具"选项卡中设置绕排方式为"嵌入型"，如图 1-112 所示。

图 1-111　选中刊头并单击"绕排"按钮

图 1-112　设置绕排方式为"嵌入型"

🔍 职场透视

WPS 移动端的文档排版功能为移动办公提供了高效便捷的解决方案。用户可在手机或平板电脑上轻松实现对文档的专业级排版与美化处理。通过移动端应用，能够设置项目符号和编号样式，确保长文档的列表结构清晰有序，既满足了个性化需求，也保持了内容的一致性和专业性；在图片编辑方面，WPS 移动端同样具备强大的图片处理能力，可以随时随地调整图片大小、角度，进行裁剪以适应页面布局，甚至实时压缩图片以便于快速传输和节省存储空间，优化文档视觉效果，提升信息传递效率。再者，在移动设备上，WPS 文字支持丰富的版面编排选项，包括但不限于设置文字环绕图片的方式，灵活选择和调整对象（如文本框、图片等）的对齐方式，并能旋转对象以达到最佳视觉表现。这些功能使得即便在外出差或移动办公时，也能完成媲美桌面端的高质量文档编排工作，有力支撑了多元化办公场景下的文档制作需求。

职业技能要求

职业技能要求见表 1–5。

表1-5   本任务对应 WPS 办公应用职业技能等级认证要求（中级）

工作任务	职业技能要求
WPS 文字文档在移动端的使用	① 能够在移动端文字文档中编辑图片，如调整图片的大小和角度、裁剪图片； ② 能够在移动端文字文档中能够综合应用图文编排美化版面，如设置文字环绕方式、旋转对象等

任务测试

一、单项选择题

1. 在 WPS Office 移动端，用户可以对插入的图片执行以下（   ）操作。

    A. 只能查看，不能编辑图片大小和角度

    B. 能够调整图片的大小，但不能旋转角度

    C. 可以调整图片的大小、角度和裁剪图片

    D. 图片编辑功能只适用于桌面版，不适用于移动端

2. 使用 WPS Office 移动端编辑文档时，以下（   ）说法正确。

    A. 图片不能与文字混合排版，只能单独排列

    B. 文字不能围绕图片自由分布，只能上下或左右排列

    C. 用户可以设置图片的文字环绕方式，实现图文混排

    D. 图片插入后不能进行任何移动或旋转操作

3. 在 WPS Office 移动端，编辑文档时若想让文字绕过图片显示，具体操作为（   ）。

    A. 直接拖曳图片至文字上方或下方

    B. 选择图片并设置"文字环绕"选项

    C. 图片无法与文字实现环绕效果，只能删除图片

    D. 图片与文字无法互动，需要在桌面版中完成此操作

4. 在 WPS Office 移动端，若要裁剪图片以适应文档版面，具体操作为（   ）。

A. 直接缩放图片大小至适合位置

B. 使用内置的裁剪工具精确裁剪图片大小

C. 不能裁剪图片，只能替换为其他尺寸合适的图片

D. 图片裁剪功能仅在高级版本中提供

5. 下列（　　）不属于 WPS Office 移动端的文字文档图片编辑功能。

A. 缩放图片　　　　　　　　　　　B. 裁剪图片

C. 文字环绕图片　　　　　　　　　D. 添加滤镜特效

6. 在 WPS Office 移动端中，插入图片后是否可以调整其相对于页面的位置？（　　）

A. 不可以，图片只能位于文档的固定位置

B. 可以，可以调整图片的位置、大小和旋转角度

C. 只能调整图片大小，位置不可改变

D. 只能旋转图片，位置无法调整

7. 在 WPS Office 移动端中，编辑文档时若需将文字环绕在图片周围，具体操作为（　　）。

A. 选择图片，单击"格式"选项卡中的"文字环绕"按钮

B. 直接拖曳图片到文字中间，文字会自动环绕

C. 移动端不支持文字环绕图片的功能

D. 选择图片后，在图片属性中设置"四周型环绕"

8. 下列关于 WPS Office 移动端图片编辑功能，说法错误的是（　　）。

A. 可以随意调整图片的大小和角度

B. 支持裁剪图片，适应文档布局需要

C. 不支持文字环绕图片的排版方式

D. 可以通过移动和旋转图片来调整其在文档中的位置

9. 使用 WPS Office 移动端编辑文档时，以下（　　）功能是不可用的。

A. 调整图片大小和旋转角度

B. 对图片进行自由裁剪

C. 设置图片与周围文字的环绕样式

D. 对图片应用复杂的光影和滤镜效果

二、多项选择题

1. 在 WPS Office 移动端中，对图片进行编辑时，可以进行（　　）操作。

A. 调整图片大小　　　　　　　　　B. 裁剪图片

C. 设置图片的透明度　　　　　　　D. 旋转图片

2. 在使用 WPS Office 移动端编辑文档时，关于图文编排，以下（　　）操作是可行的。

A. 调整图片的环绕方式　　　　　　B. 旋转图片以适应版面布局

C. 使用预设模板自动完成图文混排　D. 对图片进行局部放大

3. 在 WPS Office 移动端中，关于图片编辑和图文排版，以下描述正确的是（　　）。

    A. 可以调整图片的尺寸和位置

    B. 可以设置图片为嵌入式、四周型环绕等文字环绕方式

    C. 可以将图片与其他对象（如文本框、形状等）结合使用

    D. 可以为图片添加动态效果

🔍 任务验收

任务验收评价表见表 1-6，可对本节任务的学习情况进行评价。

表 1-6　任务验收评价表

任务评价指标				
序号	内容	自评	互评	教师评价
1	能在移动端文字文档中旋转对象			
2	能在移动端文字文档调整图片的大小和角度			
3	能在移动端文字文档中设置文字环绕方式			

项目小结

    本项目教学中以国产办公自动化软件发展成果为依托，运用 WPS 文字的一系列核心功能和技巧来高效完成各类文档处理任务，完成了 3 项富有挑战性的任务：制作国产办公自动化软件发展成果宣传页、排版美化软件操作指引书及在移动端美化企业内刊。通过对图片进行大小调整、角度旋转、裁剪压缩及色彩校正等一系列美化操作，提高宣传资料的视觉效果。在表格处理环节中，灵活应用单元格格式设定、表格转换、高级表头设计等功能，增强数据呈现的专业度和可读性。在版面设计环节中，采用图文混排技术，利用文字环绕、对象对齐等功能，创造出丰富多样且美观协调的页面布局，无论是在桌面端还是移动端都表现出高度的灵活性和适应性。通过大纲视图与导航窗格工具优化内容结构布局和快速访问功能，确保长文档的组织逻辑清晰。同时，借助标题样式与多级编号功能不仅能实现格式标准化，还能自动构建并更新目录，大大提升操作指引书等长文档的制作效率。此外，在文档排版方面，充分利用分页符、分节符设定及章节管理功能，保证了文档整体的连贯性和易读性。针对内容条理性的强化，采用了自定义项目符号和编号样式，并确保这些个性化设置在不同设备间保持一致的体验。

    通过本项目的教学，不仅提升了读者的职业素养与文档管理能力，更借由国产办公自动化软件发展成果，激发了其投身科技创新的热情，以培养关注国家自主可控信息技术发展、服务世界的责任意识。

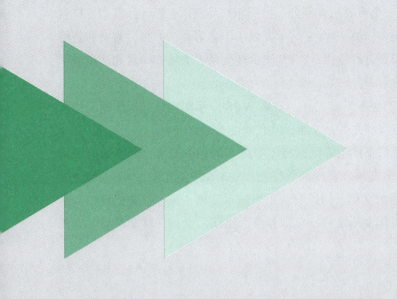

项目 **2**
交互式多媒体
演示文稿制作

WPS 演示是 WPS Office 中一个重要组成部分，可用于产品演示、新产品发布、广告宣传、工作汇报、培训演讲等众多领域。WPS 演示提供了丰富多样的模板、素材和智能图文排版功能，用户可以根据需要进行选用；WPS 演示还支持多人协作编辑和演出演示功能，可提高用户的工作和学习效率。

WPS 演示现已成为职场人士必备工具之一，掌握 WPS 演示制作技能，快速制作出图文并茂且具有丰富动态效果的演示文稿，才能提升在职场上的竞争力。

本项目根据 WPS 办公应用职业技能等级标准（中级）的相关要求，讲解如何使用 WPS 演示制作交互式多媒体演示文稿，实现高效办公，将对 WPS 演示的学习分解为 6 个任务，分别为美化企业宣传演示文稿、排版宣传手册演示文稿、添加茶文化宣传演示文稿动画、制作乌龙茶简介多媒体演示文稿、放映年终总结演示文稿和移动端实时完善茶叶新品发布演示文稿。

项目目标

➤ 知识目标

- 学会插入、调整图片和设置图片效果的相关操作
- 掌握插入、编辑形状的相关操作
- 掌握编辑表格的操作
- 了解占位符、版式、主题、母版、模板等基本概念
- 理解版式与幻灯片页面和母版的关系
- 掌握各种对齐工具与辅助对齐方式
- 掌握强调动画、路径动画的设置与应用方法
- 学会使用动画窗格管理和调整动画效果
- 掌握插入、设置音视频的方法
- 掌握插入和清除超链接的方法
- 掌握演示文稿合并的方法
- 了解演示文稿的放映方式、翻页方法

➤ 技能目标

- 能够根据需求调整图片并设置效果
- 能够根据需求使用、设置形状
- 能根据需求设置、应用幻灯片母版
- 能够批量调整幻灯片中的对象
- 能够根据需求设置对象动画
- 能够插入、剪辑音频和视频，并设置播放方法
- 能够使用墨迹画笔、激光笔、聚光灯和放大镜进行播放操作
- 能够掌握排练计时和双屏播放的用法

➤ **素养目标**

● 通过制作或编辑关于茶文化的演示文稿，展示我国茶文化的相关知识，激发读者对中华优秀传统文化的自豪感与归属感

● 通过学习调整图片并设置效果及灵活运用形状等内容，培养审美能力，强调内容与形式相统一，提升对美学的追求

● 通过熟练设置、应用幻灯片母版，培养规范化操作的意识，同时鼓励创新思维

● 通过掌握批量调整幻灯片中对象的技巧，培养统筹规划能力，提高工作效率，强化时间管理

● 通过设置恰当动画效果，增强演示文稿表达力，引导读者认识到视听效果对信息传达、情感激发的重要性，关注观众的情感体验

● 通过学习插入、剪辑音频视频并掌握其播放方法，培养信息处理和组织能力，提高在信息化时代的综合素养和竞争力

● 通过使用墨迹画笔、激光笔、聚光灯和放大镜进行播放操作，培养读者进行生动、互动式演讲的能力，锻炼临场应变能力

● 通过运用排练计时功能，强化对时间节奏的精确掌控，鼓励读者养成良好的准备习惯和严谨的工作态度

项目导图

项目 2 的项目导图如图 2-1 所示。

图 2-1　项目 2 的项目导图

任务 2.1　美化企业宣传演示文稿

🔍 **任务情境**

美化企业宣传演示文稿

随着人们生活水平日益提高，消费者对茶叶的品质和口感提出了更高的要求。某茶业公司为了满足市场需求，大力投入科技研发，倡导绿

案例素材
企业宣传演示文稿

色、有机、低碳的生产模式，以此提升茶叶的品质和附加值。该公司扎根于农村地区，通过发展茶叶产业，不仅带动了当地经济的繁荣，也帮助农民实现了增收致富，为乡村振兴战略的推进提供了坚实的力量。

小莉作为一名职业院校的优秀毕业生，选择加入该茶业公司。为了增强公司的品牌知名度和行业影响力，主管安排小莉负责制作一份企业宣传的演示文稿，这份文稿将阐述公司的发展历史，要重点展示其对科技创新研发的持续投入，以及环保低碳生产战略，并突出公司扎根农村、助力乡村振兴的特色举措，最终效果如图 2-2 所示。

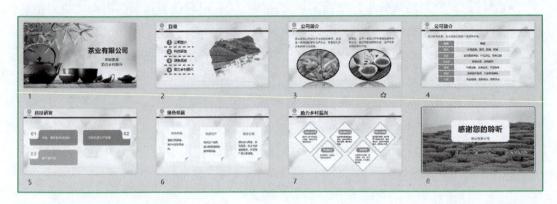

图 2-2　企业宣传演示文稿效果

2.1.1　编辑图片

小莉根据主管的要求，已初步完成了企业宣传演示文稿的制作。在演示文稿的修改完善过程中，为了增强幻灯片的视觉效果、加强信息的表达和传递，对演示文稿中的图片还需要调整和设置效果等，以达到美化幻灯片的作用，具体要求如下：

1）设置第 1 张幻灯片的图片其高度为 19 cm，锁定纵横比，设置叠放次序为"置于底层"，使其作为幻灯片背景图片，并适当调整幻灯片正副标题位置，如图 2-3 所示。

2）将第 3 张幻灯片的两张图片分别裁剪为椭圆形状，并设置图片的边框为黑色 3 像素，自行设置图片效果，如阴影、倒影等。

图 2-3　第 1 张幻灯片的效果

3）将第 2 张幻灯片中的图片创意裁剪。

4）设置第 8 张幻灯片插入图片"茶园 .jpg"的叠放次序为"置于底层",并调节图片的亮度。

➤ **知识技能点**

- 调整图片大小
- 调整图片叠放次序
- 裁剪图片
- 设置图片效果

 知识窗

图片的编辑

图文并茂是幻灯片的一大特点,利用图片可使幻灯片的内容更形象化。插入到幻灯片中的图片经常需要调整大小、效果等,以适应幻灯片的需求,从而达到美化幻灯片的效果。

在演示文稿中,单击"插入"→"图片"按钮,在弹出的对话框中根据需要选择合适的选项,并插入图片。

在幻灯片中,选中图片后,图片周围会出现圆点控制点,光标在控制点上拖动可大致调整图片大小。如需精确调整图片大小,可在"图片工具"选项卡中,输入图片的高度和宽度即可。

在"图片工具"选项卡中,单击 ⟳ ⟲ 按钮和 ⚙ ⚙ 按钮,可以调整图片的对比度和亮度;单击"色彩"的下拉按钮,可以调整图片的色彩为自动、灰度、黑白或冲蚀;单击"旋转"按钮,可以根据需要调整图片的旋转角度;单击"对齐"下拉按钮,可以设置图片的对齐方式。

在"图片工具"选项卡中,还有其他功能,具体如图 2-4 所示。

图 2-4　"图片工具"选项卡

插入到幻灯片中的图片,还可以为其设置效果,如阴影、倒影、发光、柔化边缘等,使图片更立体、更美观。WPS 演示已预置了阴影、倒影、发光、柔化边缘等效果的样式库,可根据需要选择相应的效果样式。此外,还可以在"对象属性"窗格中,设置效果参数。

微课 2-1
编辑图片

> **任务实施**

（1）设置图片大小和叠放次序

打开"企业宣传演示文稿 .pptx"，选择第 1 张幻灯片，选中图片，在"图片工具"选项卡中，勾选"锁定纵横比"复选框，在"高度"文本框中输入"19 厘米"，单击"下移"下拉按钮，在下拉列表中选择"置于底层"选项，如图 2-5 所示，调整图片位置。选中正副标题，自行调整位置。

图 2-5　设置图片大小和叠放次序

自主探究

在调整图片时，如已指定了图片的高度和宽度，但尺寸不是按照纵横比设置的，该如何操作呢？具体操作请自主探究。

（2）裁剪图片并设置效果

1）选择第 3 张幻灯片，选中左侧图片，在右侧出现的快捷菜单中选择"裁剪图片"按钮，在"按形状裁剪"选项卡中，选择"椭圆"形状，按 Enter 键确定。单击"边框"下拉按钮，选择"主题颜色"为"黑色，文本 1"，"线型"为"3 磅"，如图 2-6 所示。

2）单击"效果"下拉按钮，分别选择"阴影"→"外部"选项区中的"居中偏移"选项，选择"倒影"→"倒影变体"选项区中的"紧密倒影，4pt 偏移量"选项，如图 2-7 所示。

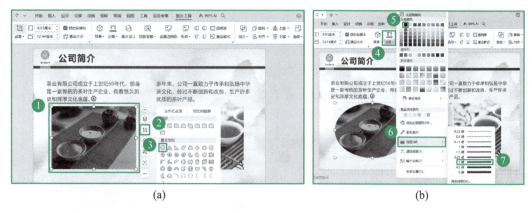

(a)　　　　　　　　　　　　　　　　(b)

图 2-6　第 3 张幻灯片图片按形状裁剪并添加边框

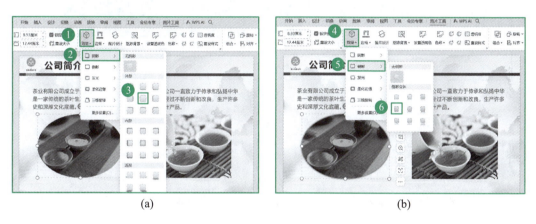

(a)　　　　　　　　　　　　　　　　(b)

图 2-7　设置阴影和倒影效果

3）第 3 张幻灯片中的右侧图片按照前两步中的方法进行相同的设置，可自行调整文本和图片的位置。

 自主探究

在裁剪图片时，被裁剪的图片部分是否被删除，能否恢复？具体操作请自主探究。

（3）创意裁剪图片

选择第 2 张幻灯片，选中右侧图片，单击"图片工具"→"裁剪"下拉按钮，单击"创意裁剪"按钮，在"创意裁剪"窗口中，选择一种创意形状，如图 2-8 所示。

图 2-8　图片创意裁剪

　　请为第 8 张幻灯片插入图片"茶园 2.jpg"，尝试调整亮度和对比度，并设置叠放次序为"置于底层"，使之成为背景，具体操作请自主探究。

2.1.2　插入与编辑形状

　　小莉正在为企业宣传演示文稿添加各类形状，旨在进一步丰富和美化幻灯片的内容，使演示文稿更具吸引力和专业性。在幻灯片中插入形状，可以起到美化页面、标注内容、划分区域、突出重点等作用，具体要求如下：

　　1）在第 2 张幻灯片中添加"直线"和"椭圆"形状，设置"直线"线型为 1 磅黑色虚线，"椭圆形状"的填充颜色为深绿色，并添加序号。

　　2）在第 6 张幻灯片中添加 3 个宽度为 7.5 cm、高度为 10 cm 的折角形形状，分别填充"白色，背景 1"，轮廓均为"无边框颜色"，设置其阴影效果为"向右偏移"、叠放次序为"置于底层"。

➤ 知识技能点

- 插入形状
- 设置形状填充和轮廓颜色
- 给形状添加文字
- 设置形状效果

· 多对象设置"组合"

知识窗

形状的插入与编辑

　　绘制形状是指在幻灯片中插入系统内置的各种形状，通过插入与内容相符的形状可以进一步美化幻灯片，从而使幻灯片更加美观。系统内置了线条、矩形、基本形状、箭头汇总、公式形状、流程图、星与旗帜、标注和动作按钮共 9 组形状类别。单击"插入"→"形状"按钮，选择合适的形状类型即可绘制形状。

　　在幻灯片中，绘制形状后，通常需要对它进行编辑，可利用"绘图工具"选项卡，对形状进行大小调整、改变形状的样式，如填充颜色、轮廓颜色、效果、组合、旋转、对齐等，从而满足实际工作需要，如图 2-9 所示。

图 2-9　"绘图工具"选项卡

　　当形状编辑完成后，可为形状添加文本。添加文本的方法是选中形状后直接输入文字，或者在形状上右击，在弹出的快捷菜单中选择"编辑文字"命令，再输入文字即可。

　　选中形状，将光标悬停在形状的边缘或角落上，当光标变成双向箭头时，按住鼠标左键并拖动，即可调整形状的大小。形状大小还可以通过"绘图工具"选项卡的"形状高度"和"形状宽度"文本框中输入具体数值来调整。

　　WPS 演示中有一些预设的样式可供选择，利用这些样式可以快速改变形状的外观、颜色等属性。形状的填充、轮廓和效果也可以通过"填充""轮廓"和"效果"等按钮根据需求进行自定义设置。

　　幻灯片插入形状是制作幻灯片的重点之一，可以起到美化页面、标注内容、划分区域、突出重点等作用。在制作幻灯片时，可插入形状作为背景装饰或布局设计的一部分，提升整体美感和视觉效果；可根据需要绘制形状并填充颜色，用来标注和强化关键信息，使数据、文字等内容更为突出易懂；还可以使用形状组织内容，区分不同主题或内容层次；还可借助箭头总汇、流程图、星与旗帜、标注等形状组合，有效建立幻灯片内容结构，表达逻辑关系。

➤ **任务实施**

　　（1）插入直线形状

　　1）选择第二张幻灯片，单击"插入"→"形状"按钮，选择"直线"形状，绘制直线。选中直线，在"绘图工具"选项卡中的"形状宽度"文本框中输入"9 厘米"，如图 2-10 所示。

微课 2-2
插入与编辑
形状

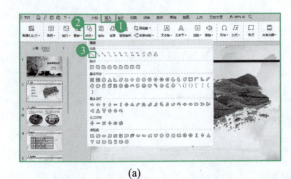

（a）　　　　　　　　（b）

图 2-10　插入"直线"形状并设置其宽度

2）单击"绘图工具"→"轮廓"下拉按钮，在下拉列表中选择"主题颜色"选项区的"黑色，文本 1"选项，设置"线型"为"1 磅"，选择"虚线线型"中的第 4 个选项，如图 2-11 所示。

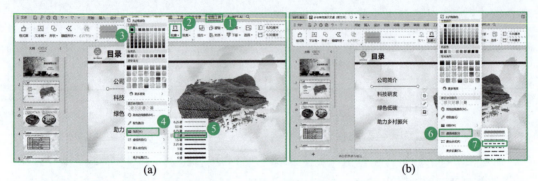

（a）　　　　　　　　（b）

图 2-11　设置直线轮廓

（2）插入椭圆形状

单击"插入"→"形状"按钮，选择"椭圆"形状，按住 Shift 键并在刚才绘制的直线上拖动鼠标绘制椭圆，如图 2-12 所示。

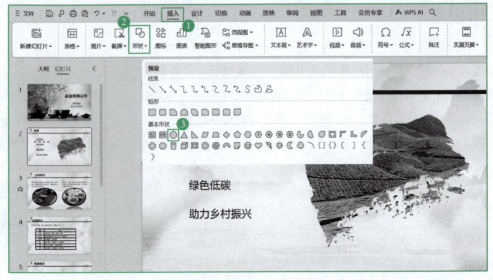

图 2-12　插入"椭圆"形状

（3）设置椭圆属性

1）选择椭圆，在"绘图工具"选项卡的"形状高度"和"形状宽度"文本框中均输入"1.55 厘米"，单击"填充"下拉按钮，在下拉列表中选择"主题颜色"选项区的"浅绿，着色 4，深色 25%"选项，如图 2-13 所示。

图 2-13　设置"椭圆"大小和填充颜色

2）单击"轮廓"下拉按钮，在下拉列表中选择"无边框颜色"选项；选择"效果"→"阴影"→"外部"选项区的"向右偏移"选项，如图 2-14 所示。

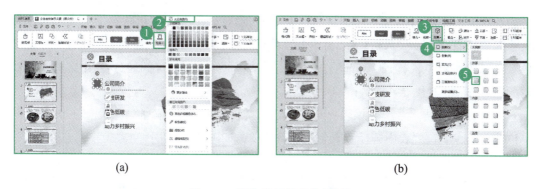

　　　　　　　　　（a）　　　　　　　　　　　　　　　　　　　（b）

图 2-14　设置"椭圆"轮廓和效果

（4）为椭圆添加文字

选中并双击椭圆，输入数字"1"。选中"1"，在"文本工具"选项卡的"字体"列表框中选择"微软雅黑"，在"字号"列表框中选择"28"，单击"加粗"按钮，如图 2-15 所示。

（5）复制三组直线和椭圆

调整直线和椭圆位置，按住 Ctrl 键的同时选中直线和椭圆，按 Ctrl+C 快捷键进行

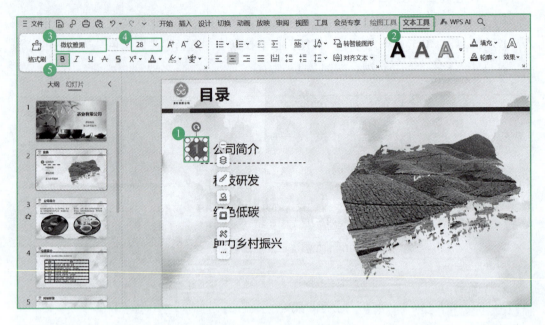

图 2-15　为椭圆形状添加并编辑文字

复制，按 Ctrl+V 快捷键进行粘贴，重复操作，复制 3 组直线和椭圆。分别修改椭圆上的数字为 "2" "3" "4"，效果如图 2-2 所示。

（6）插入"折角形"形状并设置属性

1）选择第 6 张幻灯片，单击"插入"→"形状"按钮，选择"折角形"形状，绘制折角形。

2）选中形状，在"绘图工具"选项卡的"形状高度"和"形状宽度"文本框中分别输入"10 厘米"和"7.5 厘米"；单击"填充"下拉按钮，在下拉列表中选择"主题颜色"区域中"白色，背景 1"选项，单击"轮廓"下拉按钮，在下拉列表中选择"无边框颜色"选项，如图 2-16 所示。

3）选择"效果"→"阴影"→"外部"选项区中"居中偏移"选项；单击"下移"下拉按钮，在下拉列表中选择"置于底层"选项，如图 2-17 所示。

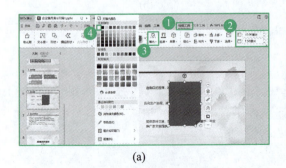

(a)

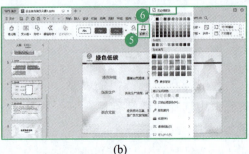

(b)

图 2-16　设置形状大小、填充颜色和轮廓

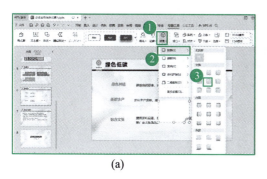
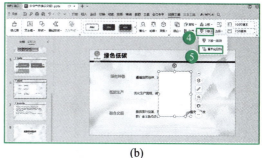

(a)　　　　　　　　　　　　　　　　　(b)

图 2-17　设置形状效果和叠放次序

（7）"组合"操作

调整"折角形"形状和"绿色种植""遵循……农药使用"两个文本框，使之处于合适的位置。按住 Ctrl 键的同时选中形状和两个文本框，单击"绘图工具"→"组合"下拉按钮，在下拉列表中选择"组合"选项。

（8）完成另两个折角形状的插入和组合

参照步骤（6）和（7）完成另外两个折角形状的插入和组合操作，效果如图 2-18 所示。

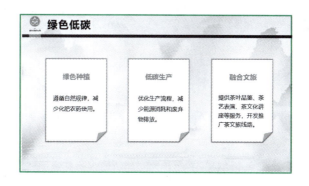

图 2-18　形状的插入和组合效果

 自主探究

请尝试利用形状对第 7 张幻灯片进行合理排版。

2.1.3　编辑表格

为了能更清晰地展示茶叶有限公司的产品及其特点，需要对第 4 张幻灯片中的表格进行编辑，具体要求如下：

1）将表格第 1 列的底纹颜色设置为主题颜色"浅绿，着色 4"，设置文本的颜色为白色，字号为 22 磅，加粗，行高为 1.75 cm。

2）设置表格第 2 列中第 2、4、6 行单元格的底纹颜色为主题颜色"浅绿，着色 4，浅色 80%"，表格的框线为 1.5 磅白色单实线，效果如图 2-19 所示。

品种	特点
绿茶	叶绿汤清，清香、醇美、鲜爽
红茶	香高色艳味浓，叶红汤红，浓厚甘醇
乌龙茶	青绿金黄，清香醇厚
黄茶	叶黄汤黄，金黄明亮，甘香醇爽
黑茶	茶色粗大黑褐，口感陈香醇厚
白茶	色白银绿，汤色黄白，清香甘美

图 2-19　第 4 张幻灯片表格的编辑效果

➢ **知识技能点**
- 设置单元格底纹和边框线
- 表格行列调整，设置行高
- 设置表格单元格文本格式

知识窗

表 格 编 辑

　　表格是幻灯片中常用的元素之一，可使用表格展示统计数据或者某些条目文本。在演示文稿中，单击"插入"→"表格"按钮，根据实际选择合适的选项，可创建表格。

　　在幻灯片中，创建表格后，可利用"表格工具"选项卡，对表格进行行、列调整，单元格的添加与删除、合并与拆分单元格、设置行高列宽等，从而满足实际工作的需要，如图 2-20 所示。

图 2-20　"表格工具"选项卡

　　对于插入到幻灯片中的表格，为了符合幻灯片的主题背景、符合审美需求，经常需要调整表格的底纹、边框或者应用系统预置的样式。单击"表格样式"选项卡中各按钮可设置单元格底纹、边框线、效果和套用表格样式，如图 2-21 所示。

图 2-21　"表格样式"选项卡

➤ **任务实施**

（1）设置表格首列

1）选择第 4 张幻灯片，选中表格首列，单击"表格样式"→"填充"下拉按钮，在下拉列表中选择"主题颜色"区域中的"浅绿，着色 4"选项，如图 2-22 所示。

2）在"表格工具"选项卡中，在"字体颜色"下拉列表中选择"主题颜色"区域中的"白色，背景 1"选项，在"字号"文本框中输入"22"，单击"加粗"按钮，在"表格行高"文本框中输入"1.75 厘米"，如图 2-23 所示。

微课 2-3
编辑表格

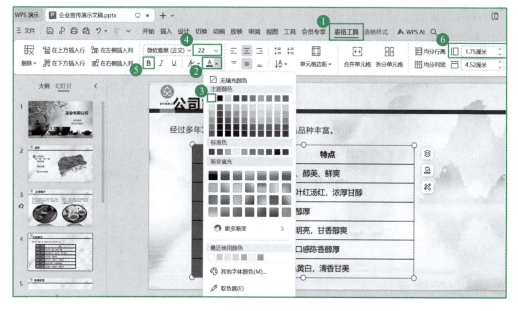

图 2-22　设置表格首列底纹

图 2-23　设置表格首列字体和行高

（2）设置第 2 列底纹

1）选择表格第 2 列第 2 行单元格，单击"表格样式"→"填充"下拉按钮，在下拉列表中选择"主题颜色"区域中的"浅绿，着色 4，浅色 80%"选项。

2）采用同样的方法分别设置第 2 列第 4 行和第 6 行单元格填充颜色为"主题颜色"区域中的"浅绿，着色 4，浅色 80%"选项。

（3）设置表格边框线

选择表格，在"表格样式"选项卡中，在"笔画粗细"下拉列表中选择"1.5 磅"选项，在"笔颜色"下拉列表中选择主题色"白色，背景 1"，在"边框"下拉列表中选择"所有框线"，如图 2-24 所示。

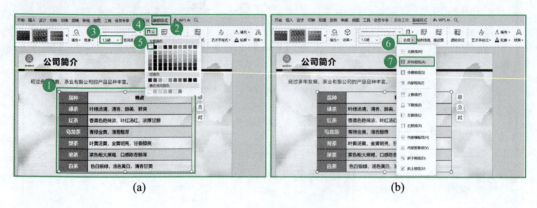

图 2-24　设置表格边框线

职场透视

在制作演示文稿时，通过在 WPS 演示中插入高质量的相关图片能够生动展现主题内容，帮助观众更好地理解演讲者的意图。例如，可以插入产品图片、流程图或团队合影等，以此强化演讲者所阐述的观点；通过调整图片操作，如裁剪、亮度、对比度调整和设置效果等，使图片与整体一致，提升视觉效果。

在 WPS 演示中可根据需要绘制各种形状，如箭头、矩形框、圆形、流程符号等，用于美化页面、标识重点、划分区域和构建逻辑框架等。可通过设置填充颜色、轮廓和效果等，对形状进行编辑，使形状更具有视觉冲击力和艺术美感。

WPS 演示中的表格是组织和展示大量数据的理想工具，在职场演示中尤为实用。用户可以利用 WPS 演示创建并编辑表格，清晰地列出数据对比、时间序列、成本分析等内容，使观众迅速把握核心信息。

在 WPS 演示中通过巧妙运用图片、形状和表格等元素，不仅可以增强演示文稿的视觉吸引力，还能有效传达信息，有助于演讲者更高效地达到目的。

职业技能要求

职业技能要求见表 2-1。

表 2-1 本任务对应 WPS 办公应用职业技能等级认证要求（中级）

工作任务	职业技能要求
演示文稿的进阶编辑	① 能够在幻灯片中插入绘制形状，并对形状进行编辑； ② 掌握调整图片的相关操作，如大小、角度、翻转、亮度、对比度、颜色、按形状裁剪、按比例裁剪等；能够设置应用图片效果，如阴影、倒影、发光、柔化边缘等； ③ 能够编辑表格，设置单元格内文本的格式

任务测试

一、单项选择题

1. 在 WPS 演示文稿中，下列关于图片设置的说法错误的是（　　）。

　　A. 可以重设图片大小

　　B. 可以在图片中设置透明色

　　C. 可以更改图片

　　D. 可以设置图片对比度，但不可以设置图片亮度

2. 若想将图片裁剪为圆形，应使用（　　）功能。

　　A. 按比例裁剪　　　　　　　　　　B. 按形状裁剪

　　C. 旋转　　　　　　　　　　　　　D. 对比度调整

3. 在 WPS 演示中，下列关于表格的说法错误的是（　　）。

　　A. 可以对表格添加边框　　　　　　B. 可以对表格合并单元格

　　C. 可以向表格插入新行　　　　　　D. 不能对表格颜色进行填充

4. 在编辑表格时，设置单元格内文本的格式通常在（　　）进行。

　　A. "表格样式"选项卡　　　　　　B. "表格工具"选项卡

　　C. "插入"选项卡　　　　　　　　D. "设计"选项卡

二、多项选择题

1. 在 WPS 演示中，下列关于图片裁剪的描述错误的是（　　）。

　　A. 可以按"椭圆"形状裁剪

　　B. 不可以自由裁剪，只能按固定的比例裁剪

　　C. 不可以按 1∶1 的比例裁剪

　　D. 可以按"箭头"形状裁剪

2. 在 WPS 演示中创建和编辑表格时，下列操作正确的是（　　）。

　　A. 可以直接在幻灯片中插入表格

　　B. 无法对表格应用样式和格式

　　C. 可以通过拖动单元格边框来调整列宽和行高

　　D. 可以合并或拆分单元格以改变表格结构

3. 在 WPS 演示中插入形状后，可以执行（　　）操作。

    A. 调整形状的大小   B. 移动形状的位置

    C. 为形状添加文本   D. 改变形状的透明度

三、实操题

打开"二十四节气简介.pptx"演示文稿，按照要求完成下列操作，效果如图 2-25 所示。

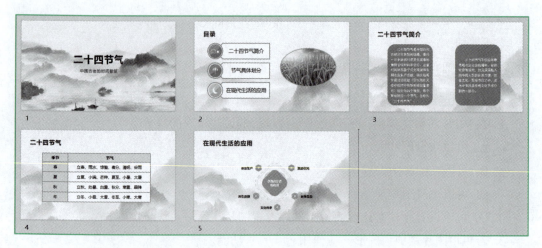

图 2-25 "二十四节气简介"演示文稿效果图

1）在第 2 张幻灯片中，对右侧图片进行相应操作。设置图片大小为：高 8 cm，宽 12 cm，并对图片按"椭圆"裁剪，添加橙色 3 磅实线边框，添加"居中偏移"阴影效果。

2）在第 3 种幻灯片中，插入两个"圆角矩形"形状，分别设置"填充"颜色为"主题颜色"区域中的"浅绿色，着色 4"，轮廓颜色为"无填充颜色"，并在形状中分别输入第 1、2 段文本，并设置文本为黑体、20 磅、1.3 倍行距，自行调整形状位置和大小。

3）在第 4 张幻灯片中，设置表格的行高为 1.8 cm，边框线为 1.5 磅浅绿色单实线，设置第 1 行和第 1 列的底纹为"主题颜色"区域中的"浅绿色，着色 4，80%"。

任务验收

任务验收评价表见表 2-2，可对本节任务的学习情况进行评价。

表 2-2 任务验收评价表

任务评价指标				
序号	内容	自评	互评	教师评价
1	能插入图片，并对其进行对比度、亮度、大小、颜色、裁剪和旋转等进行调整			
2	能根据演示文稿需求设置图片效果			

续表

任务评价指标				
序号	内容	自评	互评	教师评价
3	能插入形状，并对其大小、编辑形状、旋转等进行调整			
4	能根据演示文稿需求，设置形状填充、轮廓、效果、叠放次序和组合等			
5	能调整表格行列，设置行高和列宽			
6	能设置单元格内文本的格式			
7	能设置表格的底纹、边框			

任务 2.2　排版宣传手册演示文稿

🔍 任务情境

　　某茶叶有限公司是一家专注于高品质茶叶生产与销售的企业，依托深厚的茶文化底蕴、丰富的茶园资源和当地的旅游资源，近期推出了茶旅项目。该项目旨在传承和弘扬中国传统茶文化，通过旅游体验的方式让更多人了解茶的历史、文化和内涵。同时，该项目也能促进茶产业的发展，通过与旅游业的结合，促进茶叶种植、加工和销售等产业链的发展，从而提高茶农收入和企业的经济效益。

排版宣传手册演示文稿

　　为了推广茶旅项目，小莉所在的部门制作了一份《茶旅项目介绍宣传手册》（后面简称"宣传手册"）演示文稿。通过对本任务的学习，小莉掌握了如何使用母版来统一演示文稿中幻灯片的字号、字体、占位符、背景等版式元素，还学会了批量调整幻灯片中的对象，运用各种对齐工具和辅助对齐方式来优化幻灯片的布局和设计。

2.2.1　编辑母版

　　原有的"宣传手册.pptx"演示文稿没有统一的风格和样式，不够专业，现需要对该演示文稿设置统一背景、添加公司标志等操作，使其风格和样式统一。这些调整可以通过在母版视图中编辑母版和版式来实现，具体要求如下：

　　1）母版的背景设置为图片"bg.png"填充。

　　2）母版右上角添加茶业有限公司的标志"logo.tif"。

　　3）"节标题"版式，调整标题占位符的位置到左侧。

　　4）"节标题"版式，插入图片"采摘茶叶.jpg"，自行调整图片大小，按形状裁剪并调整位置，效果如图 2-26 所示。

图 2-26　节标题版式设置后效果

知识技能点

- 设置母版背景
- 为母版插入图片
- 在母版中编辑版式

 知识窗

母版与版式

演示文稿母版用于设置演示文稿中要创建的各种版式幻灯片的预设样式，可以对背景、颜色、占位符大小和位置等进行设置。WPS 演示提供了 3 类母版：幻灯片母版、讲义母版和备注母版。

幻灯片母版用于控制演示文稿中的幻灯片版式，使得整个演示文稿风格统一，还可以对每张幻灯片中固定出现的内容进行一次性设置，从而提高工作效率。单击"视图"→"幻灯片母版"按钮，进入幻灯片母版的编辑状态，可利用"幻灯片母版"选项卡进行编辑，如图 2-27 所示。

图 2-27　"幻灯片母版"选项卡

如图 2-28 所示，第一张为主母版（一份演示文稿可以有多个主母版），下面是该母版包含的版式。幻灯片母版包括 5 个区域：标题区、正文区、日期区、页脚区和编号区。这些区域都是占位符，可以任意插入或者删除不同区域的占位符。需要注意的是占位符里的文字只起提示作用，在关闭幻灯片母版后不显示。

进入母版视图，可利用"幻灯片母版"选项卡，对幻灯片进行插入母版、插入版式、重命名、背景、主题效果等设置。

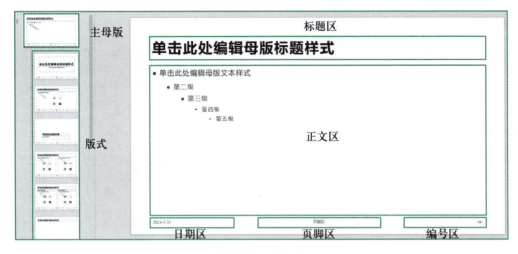

图 2-28　幻灯片母版

选定某一种版式，可以重新设计版式的布局，如对其添加对象元素，调整、添加或删除占位符，设置占位符中的字体格式等。返回普通视图中，选择"开始"→"新建幻灯片"→"版式"选项卡，选择对应的版式，就可以看到修改的元素已经显示在相应的版式了。

在 WPS 演示中，模板和主题是简化幻灯片设计的两大工具。模板预定义了包括布局、颜色方案、字体样式在内的多种设计元素，而主题则确立了统一的视觉风格，包括颜色、字体和效果。这些模板和主题提供了多种版式，如标题页、内容页和图表页，均配有预设的布局和设计元素。用户只需选择适合的模板或主题，即可迅速创建具有统一风格的幻灯片，快速填充自己的内容，无须单独设计每个页面，从而节省时间并保持演示文稿的一致性。

> ➤ **任务实施**

（1）设置母版背景

1）单击"视图"→"幻灯片母版"按钮，进入幻灯片母版编辑状态。

2）选中主母版，单击"背景"按钮，打开"对象属性"窗格，在"填充"栏中选择"图片或纹理填充"单选按钮，在"图片填充"下拉列表中选择"本地文件"选项，打开"选择纹理"对话框，在左侧列表框中选择背景图片"bg.png"存储的路径，选中图片"bg.png"，单击"打开"按钮，如图 2-29 所示。

微课 2-4
编辑母版

（2）母版添加公司标志

1）选择主母版，选择"插入"→"图片"→"本地图片"选项，如图 2-30 所示；在打开的"插入图片"对话框中，在左侧列表框中，选择公司标志图片存储的路径，选中图片 logo.tif，单击"打开"按钮，如图 2-31 所示。

2）调整标志图片的大小，将其移动到右上角。

（3）调整"节标题"版式占位符位置

选择"节标题"版式，选择"标题"占位符，调整其大小，并将其移动到合适位置。

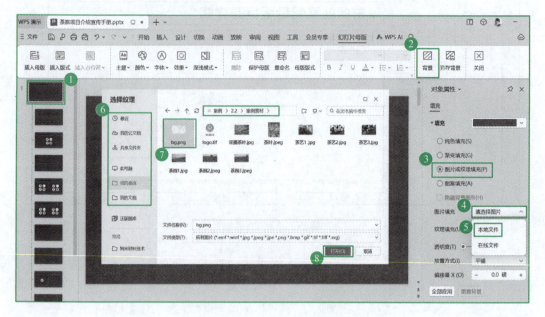

图 2-29　设置幻灯片母版背景

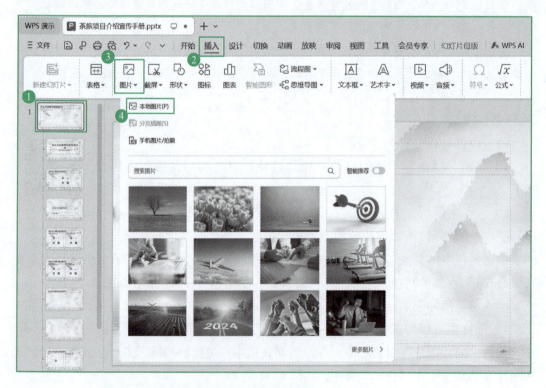

图 2-30　为幻灯片母版插入标志图片

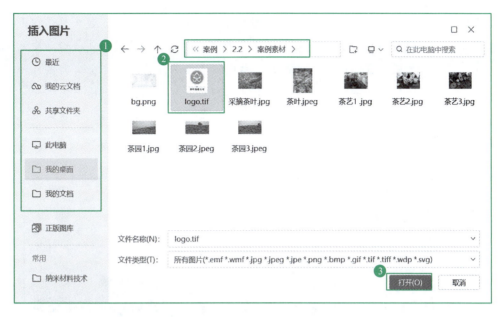

图 2-31　插入标志图片

（4）节标题版式插入图片

1）选择"节标题"版式，选择"插入"→"图片"→"本地图片"选项，打开"插入图片"对话框，选择图片"采摘茶叶 .jpg"存储的路径，选中图片"采摘茶叶 .jpg"，单击"打开"按钮，插入图片。

2）选中图片，对其按形状裁剪并调整大小，效果如图 2-26 所示。

2.2.2　统一字体

原有的"宣传手册 .pptx"演示文稿全文使用"宋体"字体，不够美观，现需要对其字体调整替换，使其更美观且可免费商用，要求将各幻灯片标题的中文字体和西文字体分别设置为"思源黑体"和"Open Sans"，正文的中文字体和西文字体分别设置为"黑体"和"Open Sans"。

➢ **知识技能点**
- 统一字体

　知识窗

统 一 字 体

在演示文稿中，除了排版布局和色彩搭配，字体样式同样可对浏览者的观感有着显著影响。在制作演示文稿时，有时会发现所使用的字体不符合预期的效果，或者夹杂多种风格的字体。如果手动逐页更改字体，既费时又费力，尤其是在演示文稿页数较多的情况下，重复的劳动会大大降低用户的工作效率。

　　WPS 演示的"统一字体"功能提供了多种不同风格的字体组合，包含标题和正文的字体样式。WPS 演示通过人工智能技术，识别幻灯片内容应用样式，使得幻灯片风格统一、样式精美，如图 2-32 所示。在 WPS 演示中，选择"设计"→"全文美化"→"统一字体"命令，选择合适的样式，勾选应用字体的幻灯片，单击"应用美化"按钮，即可使演示文稿标题和正文的字体样式风格统一。如果对提供的字体样式不满意，还可以单击"自定义"按钮对标题和正文进行字体设置。

图 2-32 "统一字体"功能提供不同风格字体组合

➤ 任务实施

微课 2-5
统一字体

　　（1）选择"自定义"字体

　　打开"宣传手册.pptx"演示文稿，选择"设计"→"全文美化"→"统一字体"命令，打开"全文美化"对话框，单击"自定义"按钮，选择"创建自定义字体"选项，如图 2-33 所示。

　　（2）设置"自定义字体"

　　在打开的"自定义字体"对话框的"名称"文本框中输入样式的名称；取消选中"标题正文字体相同"复选框，在"标题"栏中，中文字体和西文字体分别选择"思源黑体"和 Open Sans；在"正文"栏中，中文字体和西文字体分别选择"黑体"和 Open Sans，如图 2-34 所示，单击"保存"按钮。

　　（3）应用"自定义字体"

　　勾选要应用已经设置好"自定义字体"的幻灯片，单击"应用美化"按钮，如图 2-35 所示。

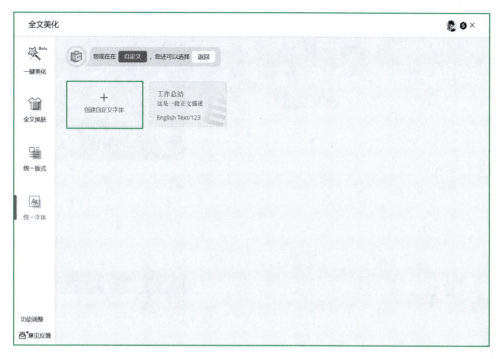

图 2-33　选择"创建自定义字体"选项

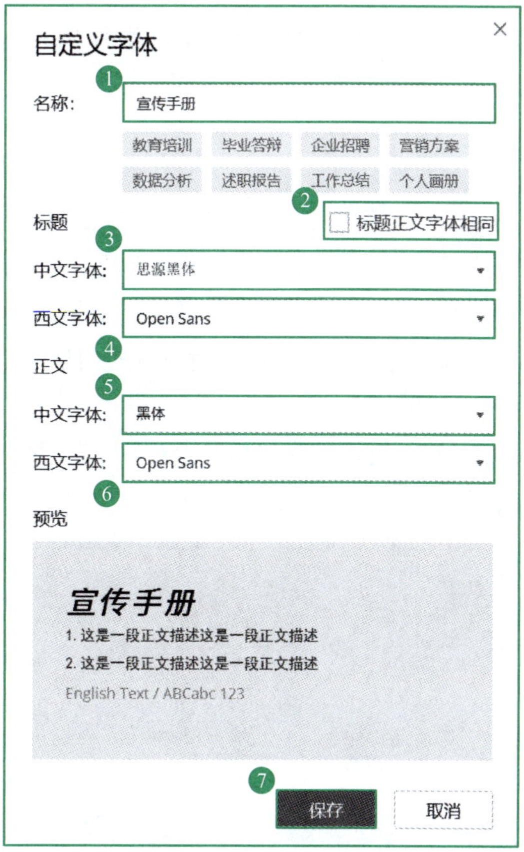

图 2-34　设置自定义字体

图 2-35　应用"自定义字体"

 自主探究

　　WPS 演示利用人工智能技术，通过智能识别幻灯片的内容，还可以对幻灯片进行一键美化、全文换肤和统一版式，具体操作请自主探究。

2.2.3　幻灯片对齐工具

　　原有的"宣传手册.pptx"演示文稿部分幻灯片的排版还不够美观，各对象没有很好地对齐，现需要对部分幻灯片的段落对齐方式和对象组的对齐效果进行调整，使其更美观合理，具体要求如下：

　　1）将第 10 张幻灯片中文本框中文字的段落对齐方式调整为"两端对齐"，对齐文本方式为"顶端对齐"。

　　2）将第 2 张幻灯片中各小标题调整为"相对于对象组""垂直居中"，并设置为"横向分布"，效果如图 2-36 所示。

图 2-36　第 2 张幻灯片对齐后的效果

3）将网格设置为"每厘米 4 个网格"，利用网格线和参考线调整第 8 张幻灯片中的元素，使其排版合理、美观。

➤ **知识技能点**

- 文本框内文本对齐方式
- 对齐工具
- 网格和参考线

 知识窗

幻灯片对齐工具

在制作演示文稿时，需要特别注意对象的对齐。对齐可以增强视觉效果，使幻灯片看起来更加整洁和专业。WPS 演示的对齐工具能帮助用户快速排版。幻灯片包含水平、垂直和分散 3 种对齐类型。

文本框是一个常用的工具，用于添加和编辑文字内容。文本框中的文本可以根据需要单击"段落"组中的水平对齐按钮和 ⊟ˆ 对齐文本按钮进行设置。

幻灯片中各对象只有按照一定的次序规律整齐排列、层次分明，才能使幻灯片看起来整洁大方，具有基本的美感。选中需要对齐的对象后，单击"绘图工具"→"对齐"按钮，或者利用如图 2-37 所示的浮动工具栏，根据需求，选择要对齐的方式，即可设置幻灯片中各对象的对齐。

图 2-37　浮动工具栏

需要注意的是，当只选择一个对象时，默认的对齐方式是"相对于幻灯片"对齐；当选中两个或两个以上对象时，默认的对齐方式则为"相对于对象组"；当选中 3 个或 3 个以上对象时，还有"横向分布"和"纵向分布"。横向分布是指在水平方向上，选择的对象之间的距离会均匀分布；纵向分布则是指在垂直方向上，选择的对象之间的距离均匀分布。

在使用 WPS 演示制作演示文稿时，还可以利用"网格线"和"参考线"调整对象在幻灯片中的具体位置。单击"视图"→"网格和参考线"按钮，打开"网格线和参考线"对话框，根据需求进行相关设置即可。网格线在幻灯片以虚线构成的格子显示，在排列对象时，通过"坐标"可作为参考依据。开启参考线时，默认会有垂直和水平各一条参考线。在排列幻灯片中的对象时，可通过拖曳参考线到想要的位置进行辅助。如果现有的参考线不够，则可以按住 Ctrl 键拖动来增加参考线，而多余的参考线只需要拖曳至幻灯片画面外即可删除。

➢ 任务实施

（1）设置文本框内文本对齐方式

打开"宣传手册 .pptx"演示文稿，选择第 10 张幻灯片，在按住 Ctrl 键的同时选中 3 个文本框，单击"文本工具"→"两端对齐"按钮设置文本段落对齐方式，单击"对齐文本"→"顶端对齐"按钮设置对齐文本方式，如图 2-38 所示。

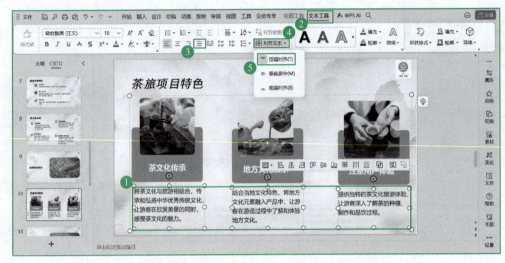

图 2-38　设置文本框内文本对齐

（2）利用"对齐"按钮设置小标题对齐

选择第 2 张幻灯片，在按住 Ctrl 键的同时选中前 3 个小标题，单击"绘图工具"→"对齐"按钮，选择"相对于对象组"→"相对于对象组"命令设置对齐方式，选择"对齐"→"垂直居中"命令设置垂直对齐方式，如图 2-39 所示；同时选中

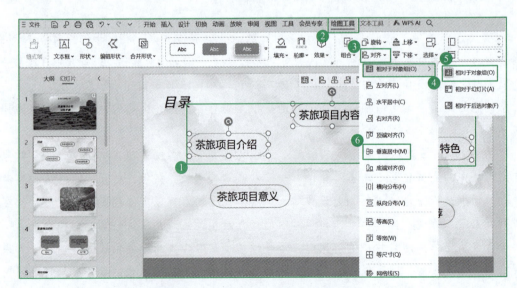

图 2-39　设置前 3 个小标题垂直居中对齐

后两个小标题，采用同样的方法设置垂直对齐方式；同时选中 5 个小标题，选择"对齐"→"横向分布"命令，设置小标题分散对齐方式。

（3）利用网格线和参考线调整对齐

选择第 8 张幻灯片，单击"视图"→"网格和参考线"，在打开的"网格线和参考线"对话框中，网格设置间距为"0.25 厘米"，勾选"屏幕上显示网格""屏幕上显示绘图参考线"复选框，单击"确定"按钮，如图 2-40 所示，然后在幻灯片上利用网格线和参考线调整 4 部分内容。

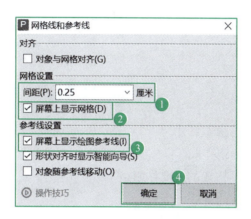

图 2-40　网格线和参考线设置

🔍 职场透视

在制作演示文稿过程中，合理使用预设的模板或主题是一种极具效率的设计策略，可快速设置整个演示文稿的设计风格和格式。利用母版设置统一风格的幻灯片版式不仅节约时间，而且风格高度统一。

在设计演示文稿过程中，各对象的对齐至关重要，利用对齐工具、网格线和参考线，可以确保幻灯片中各对象排列有序、层次分明，使幻灯片看起来整洁大方，具有美感。

🔍 职业技能要求

职业技能要求见表 2-3。

表 2-3　本任务对应 WPS 办公应用职业技能等级认证要求（中级）

工作任务	职业技能要求
演示文稿的进阶编辑	能够使用幻灯片母版，掌握版式与幻灯片页面和母版的关系，能使用指定模板或主题内置的版式，并能设置母版及版式背景
演示文稿的排版	① 能够批量调整幻灯片中的对象； ② 掌握各种对齐工具与辅助对齐方式

任务测试

一、单项选择题

1. 在 WPS 演示中，关于幻灯片母版的描述正确的是（   ）。

   A. 幻灯片母版与版式是同样的概念

   B. 一个演示文稿中只能存在一个母版

   C. 可以给母版设置背景

   D. 不可以为母版设置标题的字体格式

2. 当需要确保多个对象沿幻灯片中心垂直对齐时，选择"相对于幻灯片"后，应该使用（   ）对齐方式。

   A. 左对齐   B. 水平居中

   C. 顶端对齐   D. 垂直居中

3. 如果想要确保所有幻灯片中标题的位置一致，应该在（   ）进行设置。

   A. 普通视图下的每张幻灯片   B. 讲义视图下的每张幻灯片

   C. 母版视图中的标题样式   D. 大纲视图中的标题级别

4. 在 WPS 演示中，网格线的主要作用是（   ）。

   A. 仅用于美化幻灯片背景

   B. 辅助对齐幻灯片中的对象

   C. 显示幻灯片的打印区域

   D. 限制幻灯片内容的布局范围

二、多项选择题

1. 使用幻灯片母版可以执行（   ）操作。

   A. 更改字体样式   B. 修改背景颜色

   C. 插入公司徽标   D. 设置默认的幻灯片动画

2. 辅助对齐方式在 WPS 演示中的作用是（   ）。

   A. 帮助精确地定位对象

   B. 确保多个对象之间的间距一致

   C. 限制对象只能在幻灯片中心位置

   D. 使对象按照特定路径移动

3. 在进行幻灯片设计时，利用对齐工具和辅助对齐方式可以做到（   ）。

   A. 快速使多个对象精确地水平或垂直对齐

   B. 依据网格线分布多个对象，确保整体布局规整有序

   C. 利用对齐参考线使得跨多张幻灯片的对象保持一致性

   D. 能够基于页面中心点对齐多个分散的对象

三、实操题

打开"二十四节气简介 .pptx"演示文稿，按照要求完成下列操作，效果如图 2-41 所示。

图 2-41 第 6 张幻灯片效果

1）编辑母版，以图片填充的方式设置母版背景（"二十四节气＿背景.jpg"），设置背景透明度为 60%。

2）利用网格线和参考线，调整第 6 张幻灯片中各个元素的位置。

🔍 任务验收

任务验收评价表见表 2-4，可对本节任务的学习情况进行评价。

表 2-4 任务验收评价表

任务评价指标				
序号	内容	自评	互评	教师评价
1	能设置母版背景			
2	能在母版中插入图片、形状			
3	能在母版中设置幻灯片版式			
4	能批量设置字体			
5	能在文本框中对齐文本			
6	能使用对齐工具设置多对象对齐			
7	能利用网格线和参考线设置对象对齐			

任务 2.3　添加茶文化宣传演示文稿动画

任务情境

某茶叶有限公司积极融入社区，主动向社区群众宣传茶文化知识，组织员工精心制作了"茶文化宣传"演示文稿。小莉发现原演示文稿非常漂亮，但仅包含基本的进入和退出动画，未能有效突出重点，有必要对演示文稿进行进一步的优化。

2.3.1　添加并设置强调动画

"茶文化宣传.pptx"演示文稿中为增加幻灯片的吸引力，已为部分对象精心设置了进入和退出动画，但演讲的重点内容没有使用动画，需要添加强调动画以强化重点内容的表现力，从而提升信息传递的效率和观众的接受度。具体要求如下：

1）为第 7 张幻灯片中的"茶文化对社交的影响"添加强调动画"放大/缩小"效果。

2）为第 10 张幻灯片中的"传承传统文化"添加强调动画"陀螺旋"效果，修改动画开始时间为"在上一动画之后"，速度为"非常快（0.5 秒）"。利用动画刷为"网络推广"和"文化交流活动"添加强调动画。

➤ 知识技能点

- 添加强调动画
- 设置强调动画效果
- 动画刷

 知识窗

添加并设置强调动画

动画效果是指在幻灯片放映过程中，幻灯片中的各种对象以一定的次序及方式进入放映界面中产生的动态效果。合适的动画效果，可以突出演示文稿中的重点，调动现场气氛，起到吸引观众注意力和提高演示文稿表现力等作用。在"动画"选项卡中，WPS 演示提供了进入、强调、退出、动作路径等多种类型超过 180 种动画效果，如图 2-42 所示。

强调动画效果用于突出显示幻灯片的演讲重点，通过设置特殊的动画效果区分其重点的演讲内容。方法是选中需要强调的对象后，单击"动画"选项卡中的快翻按钮，选择合适的强调动画效果；可以单击展开按钮，选择更多的强调效果，还可以单击"动画"选项卡中的"动画属性"等按钮或者在"动画窗格"中设置动画效果，如图 2-43 所示。

图 2-42　WPS 演示提供的动画效果

(a)　　　　　　　　　　　　　　　　　　　　(b)

图 2-43　设置强调动画效果

当用户为某个对象添加动画效果后，若希望对其他对象也应用相同的动画效果，可以利用 WPS 演示中的"动画刷"功能来快速复制。使用该功能时，首先选中已经设置好动画效果的对象，单击"动画"→"动画刷"按钮，然后单击其他需要应用该动画效果的对象，即可完成动画的复制。

> **任务实施**

（1）设置"放大 / 缩小"强调动画

选中第 7 张幻灯片中的"茶文化对社交的影响"对象，单击"动画"选项卡中的"动画"快翻按钮，选择"强调"动画中的"放大 / 缩小"选项，如图 2-44 所示。

微课 2-7
添加并设置
强调动画

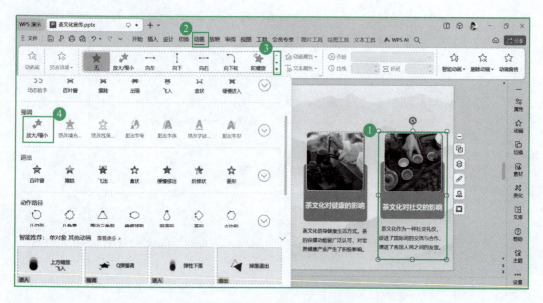

图 2-44　设置"放大 / 缩小"强调动画

（2）设置"陀螺旋"强调动画并应用动画刷

1）选中第 10 张幻灯片中的"传统媒体推广"文本框，单击"动画"选项卡中的"动画"快翻按钮，选择"强调"动画中的"陀螺旋"选项，如图 2-45 所示。

2）在右侧的"动画窗格"中，在"开始"下拉菜单中选择"在上一动画之后"，在"速度"下拉菜单中选择"非常快（0.5 秒）"，如图 2-46 所示。

3）选择"传统媒体推广"文本框，双击"动画"选项卡中的"动画刷"按钮，依次单击"网络推广"和"文化交流活动"文本框，如图 2-47 所示。

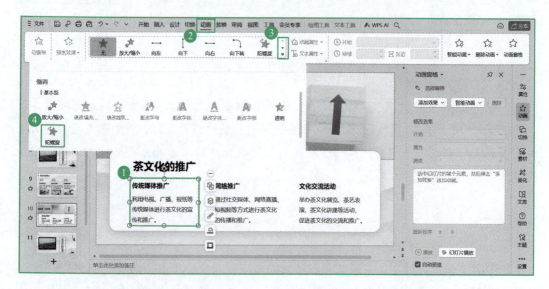

图 2-45　设置"陀螺旋"强调动画

图 2-46　设置强调动画效果

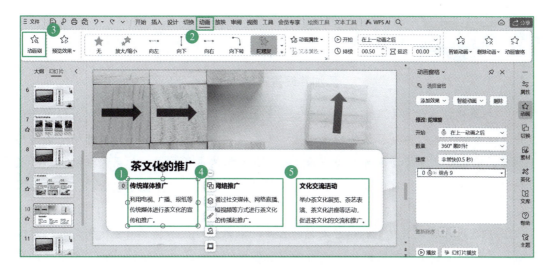

图 2-47　动画刷应用

2.3.2　添加并设置路径动画

在制作"茶文化宣传"演示文稿时,为了增强视觉效果和提升观众的观感体验,已经为部分对象添加了动画效果。现为了进一步提升演示文稿的动态性并引导观众的注意力,需要对特定对象进行位置调整。可通过为其添加路径动画,使其沿预设轨迹动态呈现,具体要求如下:

1)将第 1 张幻灯片中的茶叶图片添加"向下转"动作路径动画。

2)将第 12 张幻灯片中"茶文化的发展"各对象设置自定义路径动画,效果如图 2-48 所示。

➤ **知识技能点**

- 动作路径动画
- 自定义路径动画

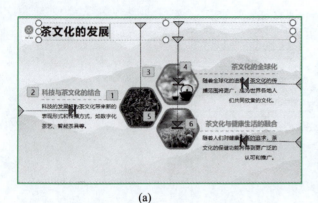

(a)　　　　　　　　　　　　　　　　　　(b)

图 2-48　自定义路径动画效果

添加并设置路径动画

　　动作路径动画效果允许为某个对象指定在幻灯片放映时沿某一路径运动，对象的位置产生了变化，还能控制具体的变化路线，如可以使对象上下移动、左右移动或者沿形状移动。使用动作路径动画可以为演示文稿添加有趣的展示效果。如果添加的动作路径动画不能满足需要，则可以单击添加的动作路径动画，再将光标置于包含动作路径动画的矩形外框上，按住鼠标左键拖动矩形，调整动作路径动画。

　　用户还可以自定义对象的路径动画。自定义对象的路径动画只需要绘制对象运动的路线，系统将记载所绘制的路线，然后对象会按照该路线运动。在设置自定义路径动画时，首先选中要设置的对象，单击"动画"选项卡中的"动画"快翻按钮，从展开的动画库中选择"绘制自定义路径"动画中的某一效果选项，此时光标变成十字形状，按住鼠标左键在幻灯片中绘制对象将要运动的路线。绘制完毕后释放鼠标左键，即可看到所选对象按照所绘制的路线运动。

微课 2-8
添加并设置
强调动画

➤ 任务实施

　　（1）设置"向下转"动作路径动画

　　选中第 1 张幻灯片中的茶叶图片，单击"动画"选项卡中的"动画"快翻按钮，选择"动作路径"动画中的"直线和曲线"→"向下转"选项，如图 2-49 所示。

　　（2）设置自定义路径

　　1）选中第 12 张幻灯片中的左侧图片，单击"动画"选项卡中的"动画"快翻按钮，选择"绘制自定义路径"动画中的"直线"选项，此时光标变成 + 形状，按住鼠标左键在幻灯片中绘制对象要运动的直线（从上到下），调整"直线"的动作方向，如图 2-50 所示。

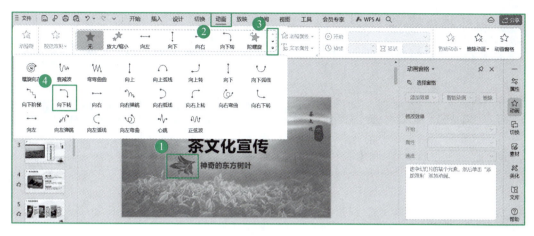

图 2-49 "向下转"动作路径

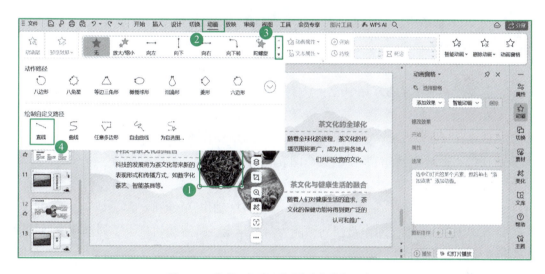

图 2-50 绘制从上到下的"直线"自定义路径

2）采用同样的方法，选择左侧文本框，单击"动画"快翻按钮，选择"绘制自定义路径"→"直线"选项，绘制"直线"运动路径（从左到右）。

3）其余对象按照前两个步骤的方法完成，动画效果如图 2-48 所示。

🔍 职场透视

在制作演示文稿时，精心设计不同的动画效果，可以显著提升放映的视觉效果和吸引力，使演示文稿更为生动鲜明。利用强调动画，能够将观众的视线聚焦于幻灯片的核心要点，突出重要信息。同时，路径动画的应用使内容沿预设的轨迹运动，不仅增加了内容的动态表现力，还为信息的呈现方式带来了更多创造性的可能。

职业技能要求

职业技能要求见表 2-5。

表 2-5　本任务对应 WPS 办公应用职业技能等级认证要求（中级）

工作任务	职业技能要求
演示文稿动画制作	① 掌握强调动画的设置与应用方法； ② 掌握动作路径动画的设置与应用方法； ③ 掌握自定义路径动画的设置与应用方法

任务测试

一、单项选择题

1. 在 WPS 演示中，以下选项中不属于强调动画效果的是（　　　）。

　　A. 跷跷板　　　　　　　　　　　B. 爆炸

　　C. 闪烁　　　　　　　　　　　　D. 溶解

2. 若要使文本框在幻灯片中沿一个自定义的路径移动，应使用（　　　）。

　　A. 进入动画　　　　　　　　　　B. 强调动画

　　C. 退出动画　　　　　　　　　　D. 动作路径动画

3. 当需要突出显示幻灯片中的某个图表时，应使用（　　　）。

　　A. 进入动画　　　　　　　　　　B. 强调动画

　　C. 退出动画　　　　　　　　　　D. 动作路径动画

4. 在 WPS 演示中，动作路径动画能为对象指定一种运动轨迹。下列选项中不是动作路径动画的是（　　　）。

　　A. 直线　　　　　　　　　　　　B. 曲线

　　C. 放大 / 缩小　　　　　　　　　D. 自定义路径

5. 若希望某对象的动画在单击时才播放，应该设置（　　　）。

　　A. 动画持续时间　　　　　　　　B. 动画开始方式

　　C. 动画播放顺序　　　　　　　　D. 动画速度选项

二、多项选择题

1. 在 WPS 演示中，可以使用强调动画来突出显示幻灯片上的对象，下列选项中属于强调动画的类型的是（　　　）。

　　A. 放大 / 缩小　　　　　　　　　B. 中心旋转

　　C. 波浪形　　　　　　　　　　　D. 陀螺旋

2. 在 WPS 演示中，需要对一个已经设置了强调动画的对象进行进一步编辑，下列选项中说法正确的是（　　　）。

　　A. 可以在"动画效果选项"中更改动画的方向或大小

　　B. 不能对已应用的动画进行任何修改

C. 可以右击对象，在弹出的快捷菜单中选择"动作设置"命令来进行详细编辑

D. 可以在"动画窗格"中双击动画条目来访问更多的自定义选项

3. 在 WPS 演示中应用动作路径动画时，下列选项中说法正确的是（   ）。

　　A. 动作路径动画可以让对象按照直线或曲线移动到指定位置

　　B. 动作路径动画的路径是固定不变的，不能被编辑

　　C. 用户可以设置动作路径动画的移动速度

　　D. 可以使用预设的形状（如圆形、心形）作为路径

三、实操题

使用 WPS 演示打开"二十四节气 .pptx"演示文稿，按如下要求完成各项操作并保存，动画效果可参考图 2-51。

1）选取第 6 张幻灯片中第 1 行的形状，为该行的 3 个形状逐一添加"放大 / 缩小"强调动画效果，并设置动画开始于上一个动画之后，速度为 1 s。

2）选取第 6 张幻灯片中的"中秋赏月"形状，为其添加"陀螺旋"强调动画，并设置"单击"时开始，速度为 2 s；"冬至吃饺子""清明祭祖"形状也添加"陀螺旋"强调动画，并设置动画"与上一个动画同时"开始。

3）分别为第 6 张幻灯片第 3 行形状设计路径动画。

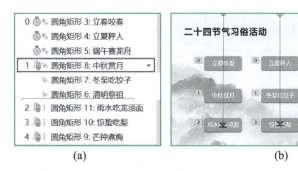

(a)　　　　　　　　　　(b)

图 2-51　"二十四节气"动画效果

🔍 任务验收

任务验收评价表见表 2-6，可对本节任务的学习情况进行评价。

表 2-6　任务验收评价表

任务评价指标				
序号	内容	自评	互评	教师评价
1	能设置强调动画			
2	能使用动画刷并设置动画			
3	能添加并调整动作路径			
4	能绘制并调整自定义路径路线			
5	"动画窗格"的应用			

任务 2.4　制作乌龙茶简介多媒体演示文稿

制作多媒体演示
文稿

PPT

🔍 任务情境

　　中国茶文化源远流长，乌龙茶作为中国茶文化的瑰宝，吸收融合了红茶和绿茶的加工技术，其制作技艺凝聚着历代茶人的智慧结晶和匠心独运，形成了独有的特色。某茶业有限公司深植文化土壤，将弘扬和发展乌龙茶视为己任，致力于通过精湛的传统工艺与现代科技相结合的方式，生产出品质上乘的乌龙茶产品。为迎接即将到访的客户，小莉需要精心制作一份多媒体演示文稿展示乌龙茶的魅力与独特之处，让客户感知乌龙茶所蕴含的生态文明理念、工匠精神的传承及对和谐共生社会价值的追求。

2.4.1　插入并设置音频

　　《乌龙茶简介》是小莉向客户展示宣传乌龙茶的演示文稿，只是静态内容，缺乏音乐烘托气氛，显得较为单调；现计划在演示文稿中插入精心挑选的音乐，以便在播放时能更好地烘托气氛，使乌龙茶的介绍更加生动和引人入胜，具体要求如下。

　　1）为《乌龙茶简介》演示文稿插入音频，并设置为背景音乐。

　　2）调整音频的播放音量和播放方式。

　　3）剪裁音频文件。

➤ **知识技能点**

- 插入音频
- 设置音频播放音量和播放方式
- 裁剪音频

知识窗

插入并设置音频

　　完成幻灯片的制作后，通常会考虑为其插入音频文件，让演示文稿在播放时伴随着悦耳的音乐。在 WPS 演示中，能插入的音频文件种类繁多，包括 *.mp3、*.wav、*.aif、*au、*.mid 等，具体方法为：单击"插入"→"音频"按钮，可分别选择"嵌入音频""链接到音频""嵌入背景音乐"和"链接到背景音乐"等选项，即可插入音频文件到演示文稿中。需要注意的是，在选择"嵌入音频"和"嵌入背景音乐"时，音频文件会被打包进演示文稿文件中，即移动该演示文稿时，音频文件会作为演示文稿的一部分一起移动；而选择"链接到音频"和"链接到背景音乐"时，演示文稿仅存储音频文件的引用或路径，而不是音频文件本身，移动该演示文稿时，还需单独移动音频文件。

插入音频后，在幻灯片中会出现喇叭标志，表示音频已插入幻灯片中。选中喇叭标志，出现"音频工具"选项卡，如图 2-52 所示，可对音频进行设置，如调节音量、裁剪音频等。

图 2-52　"音频工具"选项卡

在幻灯片插入音频后，如果音频过长或者仅需使用其高潮部分，则可对音频进行裁剪，以满足实际使用，具体方法为：单击"音频工具"→"裁剪音频"按钮，出现"裁剪音频"对话框，如图 2-53 所示。在该对话框中，单击 ▶ 按钮，播放音频，播放至开始裁剪的位置，单击"暂停"按钮，拖动左侧绿色滑块至相应点，即确定了音频的起始时间。当播放至需要结束的位置，再次单击"暂停"按钮，拖动右侧红色滑块至相应点，即确定了音频的结束时间。利用"淡入"和"淡出"文本框可调整音频的淡入和淡出效果，以获得更加平滑的听觉体验。

单击"音量"下拉按钮，可在下拉列表中选择合适的音量大小。单击"音频工具"→"开始"下方的下拉按钮，可以调整音频的播放方式，如"自动"。勾选"放映时隐藏"复选框，音频标志将在放映时隐藏；选中"跨幻灯片播放"单选按钮，可使音频的播放不局限于这一页幻灯片播放；勾选"循环播放，直至停止"复选框，可使音频文件循环播放。

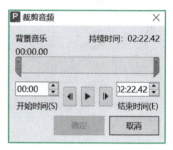

图 2-53　"裁剪音频"对话框

➤ 任务实施

（1）插入背景音乐

选择第 1 张幻灯片，选择"插入"→"音频"→"嵌入背景音乐"命令，在打开的"从当前页插…"对话框中选择"背景音乐 .mp3"的存储路径及该文件，单击"打开"按钮，如图 2-54 所示。

(a)　　　　　　　　　　　　　　　(b)

图 2-54　插入背景音乐

自主探究

"嵌入音乐"和"嵌入背景音乐"有什么区别呢？请自主探究。

（2）设置音频播放音量和播放方式

1）选中喇叭标志，单击"音频工具"→"音量"下拉按钮，在下拉列表中选择"低"音量，如图 2-55 所示。

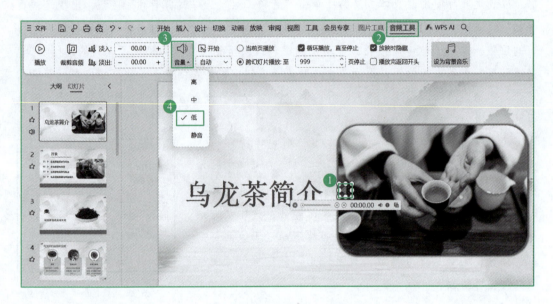

图 2-55　设置音频播放音量

2）单击"音频工具"→"开始"下面的下拉按钮，在下拉列表中选择"自动"选项，调整音频的播放方式。勾选"放映时隐藏"复选框，音频标志将在放映时隐藏；选中"跨幻灯片播放：至"单选按钮，使音频的播放不局限于这一页幻灯片播放；勾选"循环播放，直至停止"复选框，使音频文件循环播放，如图 2-56 所示。

（3）裁剪音频

1）单击"音频工具"→"裁剪音频"按钮，打开"裁剪音频"对话框，单击"播放"按钮开始播放，播放到开始裁剪的地方（如 00：17.12）单击"暂停"按钮，然后拖动左侧的绿色滑块，向右滑动至 00：17.12，即确定了音频开始时间（也可以在"开始时间"文本框中直接输入音频开始时间为 00：17.12），如图 2-57 所示。

2）音频结束时间类似操作，单击"确定"按钮。

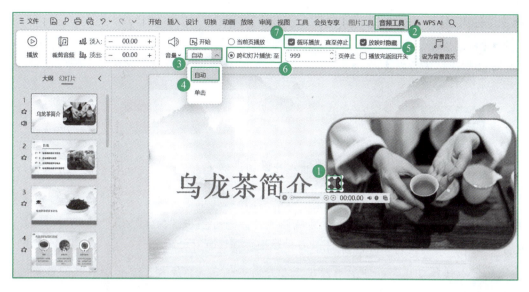

图 2-56　设置音频播放方式

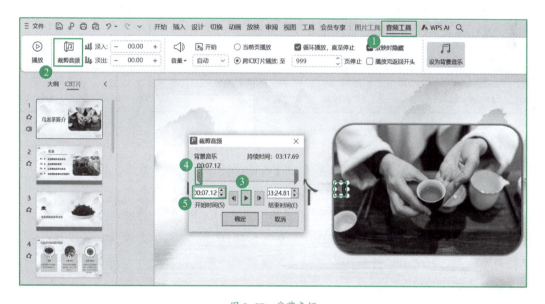

图 2-57　裁剪音频

2.4.2　插入并设置视频

在演示文稿中插入动态的视频文件，将更具说服力。在制作《乌龙茶简介》演示文稿时，如能融入一段生动的"乌龙茶制作技艺"视频，将极大提升演讲的吸引力和观众的沉浸感。视频的动态演示不仅能直观传达信息，还能让观众感受到乌龙茶文化的独特魅力，具体要求如下。

1）插入"乌龙茶制作技艺"视频片段。

2）设置视频播放方式。

3）设置视频封面。

➤ **知识技能点**
- 插入视频
- 调整视频播放模式

 知识窗

插入并设置视频

为了丰富幻灯片内容，使其更具说服力，可以在演示文稿中插入视频，如果计算机中已经存储了需要插入演示文稿中的视频文件，则可单击"插入"→"视频"→"嵌入视频"命令，可直接将本地计算机中的视频文件插入演示文稿中。

在插入视频过程中，如果视频过大，会提示是否进行压缩，可根据自己的需要进行选择。

在插入视频后，选择视频，出现"视频工具"选项卡，如图2-58所示，可对视频进行设置，如裁剪视频、调整视频播放模式等。

图2-58　"视频工具"选项卡

在幻灯片插入视频后，可根据需要对视频进行裁剪，方法与裁剪音频类似。

单击"音量"下拉按钮，可选择视频播放的音量大小。单击"视频工具"→"开始"下方的下拉按钮，可以调整视频的播放方式，如"自动"。勾选"全屏播放"复选框，可将视频进行全屏幕播放；勾选"未播放时隐藏"复选框，可在未播放视频时将隐藏视频图标；勾选"循环播放，直至停止"复选框，可使视频文件循环播放，直到用户手动停止播放。

插入幻灯片的视频，有时其第一帧画面不适合作为视频图标的当前画面，可为视频设置封面来满足用户的要求。

微课2-9
插入并设置
视频

➤ **任务实施**

（1）插入视频

选择第7张幻灯片，单击"插入"→"视频"→"嵌入视频"命令，打开"插入视频"对话框，选择视频的存储路径，如图2-59所示。

（2）设置视频播放音量和播放方式

1）选中已插入的视频，单击"视频工具"→"音量"下拉按钮，在下拉列表中选择"中"音量。

图 2-59　插入视频

　　2）单击"视频工具"→"开始"下方的下拉按钮，可以设置视频的播放方式。若勾选"全屏播放"复选框，则可将视频进行全屏幕播放；若勾选"未播放时隐藏"复选框，则可在未播放视频时隐藏视频图标；若勾选"循环播放，直到停止"复选框，则可让视频文件循环播放，直到用户手动停止播放，如图 2-60所示。

图 2-60　设置视频播放方式

（3）设置视频封面

选中插入的视频，单击"视频工具"→"视频封面"→"来自文件…"命令，打开"选择图片"对话框，选择图片的正确路径及该文件，单击"打开"按钮，如图 2-61 所示。

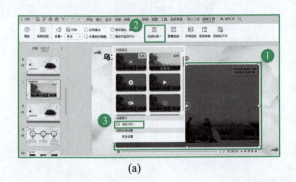
(a)

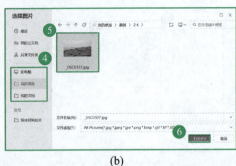
(b)

图 2-61　设置视频封面

2.4.3　编辑超链接

在放映《乌龙茶简介》演示文稿时，为了确保演讲者讲述流畅，通常可利用超链接实现单击某个对象时实现某个操作。例如，在制作目录页时，可为目录添加超链接，实现幻灯片放映时可在目录页直接跳转到相应的幻灯片中，与此同时，发现演示文稿中有个别超链接出错，可将其删除，具体要求如下：

1）为《乌龙茶简介》演示文稿的目录页添加超链接，使其可以直接跳转到相应的幻灯片中，并设置超链接颜色。

2）删除"乌龙茶历史"的超链接。

➤ **知识技能点**
- 添加超链接
- 删除超链接

 知识窗

编辑超链接

在放映演示文稿时，如果演讲者希望单击某个对象时实现某个操作，可使用超链接来实现。超链接就是从一张幻灯片跳转到网页、文件、同一演示文稿中的另一张幻灯片，电子邮件或者附件等，"插入超链接"对话框如图 2-62 所示。

链接到同一演示文稿中的幻灯片：用于同一个演示文稿中实现幻灯片与幻灯片之间的链接，实现演示文稿放映时的跳转。

链接到电子邮件：用于从当前幻灯片快速跳转到指定的电子邮件中。

链接到原有文件：用于从当前幻灯片跳转到本地计算机原有的文件。

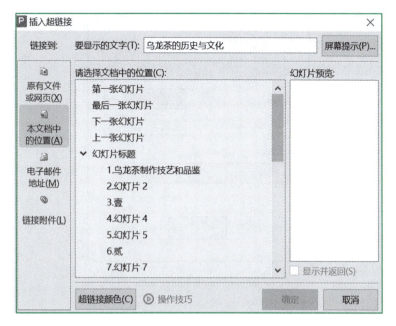

图 2-62　"插入超链接"对话框

➤ **任务实施**

（1）插入超链接

1）选中第 2 张幻灯片（即目录页）中的文本"乌龙茶的历史与文化"，单击"插入"→"超链接"下拉按钮，在下拉列表中选择"本文档幻灯片页"选项，打开"插入超链接"对话框；在"链接到"列表框中单击"本文档中的位置"按钮，在"请选择文档中的位置"列表框中选择目标幻灯片，如选择第 3 张幻灯片"壹"，单击"超链接颜色"按钮，如图 2-63 所示，打开"超链接颜色"对话框。

微课 2-10
编辑超链接

(a)

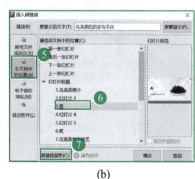
(b)

图 2-63　插入超链接

2）在该对话框中，分别设置"超链接颜色"和"已访问超链接颜色"，然后单击"应用到当前"按钮，如图 2-64 所示，单击"确定"按钮。

图 2-64　设置超链接颜色

（2）取消超链接

选择第 5 张幻灯片，选中文本"乌龙茶的历史"，右击，在弹出的快捷菜单中选择"超链接"→"取消超链接"命令，如图 2-65 所示。

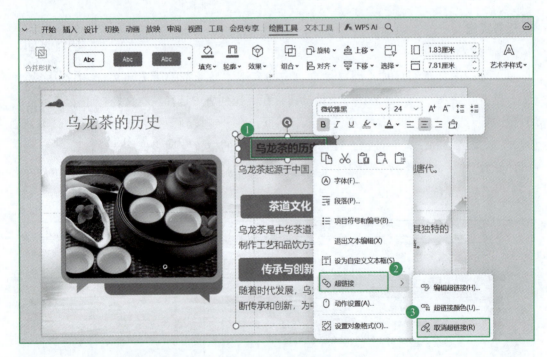

图 2-65　取消超链接

2.4.4　合并演示文稿

小莉和团队成员一起制作《乌龙茶简介》演示文稿，各自承担不同部分的工作，现需要把两份独立又相辅相成的演示文稿整合为一份，具体要求如下：

将《乌龙茶简介 1》演示文稿和《乌龙茶简介 2》演示文稿合并为《乌龙茶简介》。

➤ **知识技能点**
- 合并演示文稿

 知识窗

合并演示文稿

当一个演示文稿项目涉及多人合作时，每个成员往往会负责不同的部分，手动复制和粘贴内容从一个演示文稿转移到另一个演示文稿可能会非常耗时。WPS 演示中的"重用幻灯片"功能允许用户将一个演示文稿中的幻灯片快速插入到当前演示文稿中，无须烦琐的复制和粘贴操作，从而迅速整合成一个统一的报告或展示材料，大大提高工作效率。

WPS 合并演示文稿的操作十分简便，具体方法为：单击"开始"→"新建幻灯片"下拉按钮，单击"重用幻灯片"按钮进行操作，即可轻松地将所需幻灯片插入到当前演示文稿中。"重用幻灯片"功能能有效地管理演示文稿资源，避免重复劳动，提高了工作效率。

在使用"重用幻灯片"这一功能时，需要注意软件版本的兼容性，以避免格式出现错乱；还应注意主题、背景等细节问题，可能需要对复制的幻灯片进行相应的调整以保持演示文稿的一致性。

➤ **任务实施**

合并演示文稿的具体操作步骤如下：

1）打开"乌龙茶简介 1"演示文稿，将光标定位到最后一张幻灯片的下方，单击"开始"→"新建幻灯片"下拉按钮，单击"重用幻灯片"按钮，在右侧出现"重用幻灯片"窗格，单击"请选择文件"按钮，打开"选择文件"对话框，在左侧列表框中选择"乌龙茶简介 2"演示文稿存储的路径，选中"乌龙茶简介 2"演示文稿，单击"打开"按钮，如图 2-66 所示。

(a)　　　　　　　　　　　　　　　　　(b)

图 2-66　重用幻灯片

2）在"重用幻灯片"窗格中，根据实际需要确定是否勾选"带格式粘贴"复选框，浏览幻灯片，在想要插入的幻灯片上右击，选择"插入幻灯片"或"插入所有幻灯片"选项，如图 2-67 所示。

3）单击"保存"按钮，保存文件。

职场透视

　　WPS 演示为用户提供了丰富多样的多媒体集成与编辑能力，极大地提升了信息传递的效果与效率。在演示文稿中插入和编辑音频，可使观众在观看的同时拥有和谐的听觉体验，有助于营造氛围、强化记忆点，尤其在文化宣传、产品推广等情境中，恰当的背景音乐可以极大地提升情感共鸣和品牌传播效果。通过插入与编辑视频，丰富了幻灯片内容，使其更有说服力。熟练运用超链接功能是演示文稿不可或缺的一部分。用户可以添加指向网页、电子邮件地址、其他文件甚至同一演示文稿中其他幻灯片的超链接，实现内容的跳转和互动性提升，同时，注意能快速清除过时或不再适用的超链接。合并演示文稿能够将不同来源或不同团队成员制作的分段内容无缝拼接成一个统一的、逻辑连贯的演示文稿，避免重复劳动，提高了工作效率，还需注意版本兼容性、主题和背景等问题。

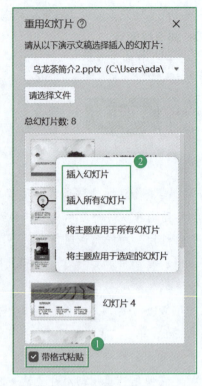

图 2-67　插入幻灯片

职业技能要求

　　职业技能要求见表 2-7。

表 2-7　本任务对应 WPS 办公应用职业技能等级认证要求（中级）

工作任务	职业技能要求
多媒体演示的合成	① 能够插入或新增音频，并能够对音频进行设置，如裁剪音频、设置背景音乐等； ② 能够插入或新增视频，并能够对视频进行设置，如裁剪视频、调整视频播放模式等； ③ 能够添加和清除各种形式的超链接，并能够编辑超链接； ④ 掌握演示文稿合并的方法

任务测试

一、单项选择题

1. 关于在 WPS 演示中编辑超链接，以下选项描述错误的是（　　　）。

　　A. 可以为文本、图片等对象添加超链接

B. 超链接可以链接到网站、电子邮件地址或其他幻灯片

C. 已经插入的超链接不能被删除或更改

D. 可以编辑已插入超链接的目标地址

2. 在（　　）选项卡中可以为幻灯片添加音频。

　　A. 开始　　　　　　　　B. 视图　　　　　　　C. 插入　　　　　　　D. 放映

3. 在 WPS 演示文稿的幻灯片中"插入超链接"对话框中设置的超链接对象不可以链接到（　　）。

　　A. 其他文稿中的一张图片　　　　　　B. 一个应用程序

　　C. 幻灯片中的一张图片　　　　　　　D. 桌面上的一张图片

4. 在 WPS 演示文稿中，下列关于超链接不正确的描述是（　　）。

　　A. 可以链接到本演示文稿的某张幻灯片上

　　B. 可以链接到其他演示文稿的某张幻灯片上

　　C. 可以链接到网页地址上

　　D. 可以链接到其他文件上

二、多项选择题

1. 在 WPS 演示中，可以对音频进行（　　）设置。

　　A. 裁剪音频　　　　　　　　　　　　B. 设置背景音乐

　　C. 调整音量　　　　　　　　　　　　D. 更改播放模式

2. 在 WPS 演示中，可以通过（　　）方式给演示文稿添加视频文件。

　　A. 嵌入本地视频　　　　　　　　　　B. 链接网络视频

　　C. 链接到本地视频　　　　　　　　　D. 从其他演示文稿中复制视频

三、实操题

使用 WPS 演示打开"二十四节气简介 .pptx"演示文稿，按如下要求完成各项操作并保存。

1）为第 2 张幻灯片中的元素设置对应的超链接，并设置超链接颜色和已访问过的超链接颜色均为黑色，超链接效果如图 2-68 所示。

2）删除第 1 张幻灯片中的音频文件。

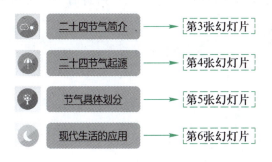

图 2-68　超链接对应图

任务验收

任务验收评价表见表 2-8，可对本节任务的学习情况进行评价。

表 2-8　任务验收评价表

任务评价指标				
序号	内容	自评	互评	教师评价
1	能够插入或新增音频，并能够对音频进行设置			
2	能够插入或新增视频，并能够对视频进行设置			
3	能够添加和清除各种形式的超链接，并能够编辑超链接			
4	掌握演示文稿合并的方法			

任务 2.5　放映年终总结演示文稿

任务情境

放映演示文稿
PPT

　　　　　在某茶业有限公司举行的年度工作总结大会上，小莉所在部门的经理负责汇报部门业绩及发展状况，而小莉作为得力助手，主动承担了幻灯片放映工作。为确保此次总结会的汇报演讲顺利无误，她特意投入时间学习有关幻灯片放映的知识。在会议筹备期间，小莉不仅精心设置了幻灯片放映的参数，还进行了周密的预演，确保每一张幻灯片的切换与经理的汇报内容无缝对接。

在会议上，经理在上面演讲，小莉在后台操作并快速调整幻灯片，使用荧光笔标记重点，两人默契配合，共同为参会人员带来了一场精彩的年终总结汇报演讲，赢得了一致好评。

2.5.1　设置放映参数

对于精心制作的演示文稿，放映幻灯片也是重要且基础的环节之一。在放映演示文稿之前，需要先对演示文稿进行演练，如进行排练计时、放映选项、放映范围及换片方式等，具体要求如下：

1）设置排练计时。

2）设置双屏播放。

3）自定义放映。

➤ 知识技能点

● 设置排练计时

● 设置双屏播放

● 新建自定义放映

知识窗

设置放映参数

设置放映参数主要在"放映"选项卡中进行，如图 2-69 所示。

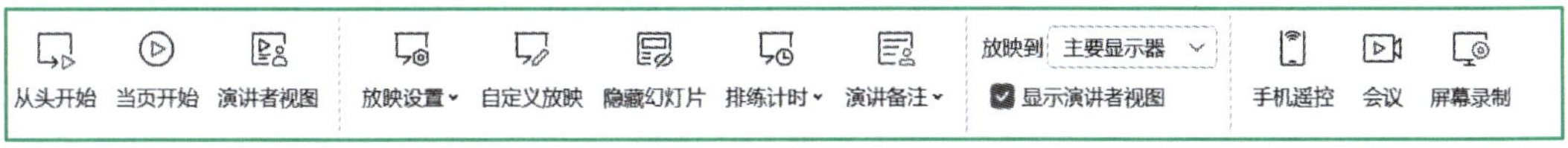

从头开始　当页开始　演讲者视图　　放映设置　自定义放映　隐藏幻灯片　排练计时　演讲备注　　放映到　主要显示器　　手机遥控　会议　屏幕录制　　☑ 显示演讲者视图

图 2-69　"放映"选项卡

1. 设置排练计时

在公共场合进行演示时，作为演讲者，有效地掌控演示时间至关重要。"排练计时"能测定每张幻灯片放映时的停留时间，允许用户针对每张幻灯片及其内部的各个动画效果设定具体的播放时间，从而实现演示文稿的自动放映，而无须在演示过程中手动单击。演讲者可以通过预设的时间安排确保演示节奏得当，提高整体表现的专业性和流畅性。

2. 放映类型

放映类型有演讲者放映（全屏幕）和展台自动循环放映（全屏幕）两种。

演讲者放映（全屏幕）：是 WPS 演示默认的放映类型，以全屏幕的状态放映演示文稿。在演示文稿放映的过程中，演讲者可以手动切换幻灯片和动画效果，也可以将演示文稿暂停，还可以为放映过程录制旁白，具有完全的控制权。

展台自动循环放映（全屏幕）：放映系统将自动全屏幕且循环放映演示文稿。使用该放映类型时，不能单击切换幻灯片，但可以单击幻灯片中的超链接和动作按钮来切换幻灯片，按 Esc 键可结束放映。

3. 双屏播放

双屏播放是指让演示文稿在一台计算机上运行，但在两台显示器上播放。通常演讲者在某些会议或者演讲中会采用这种播放方式。双屏播放的前提是运行演示文稿的计算机必须已接入两台显示器。

双屏播放模式包括两种：克隆模式，即演讲者的操作界面完全同步显示在观众看到的显示设备上；扩展模式，提供演讲者视图给演讲者，可以看到放映的内容和备注，而观众只看到展示播放视图下的内容。

4. 自定义放映

在默认情况下，放映演示文稿是按照幻灯片的先后顺序播放的，并且会播放整个演示文稿。通过"自定义放映"功能，可自定义选择演示文稿中的内容和幻灯片的先后顺序。单击"放映"→"自定义放映"按钮，在打开的"自定义放映"对话框中可对幻灯片放映进行新建、编辑、删除和复制等操作。

➤ **任务实施**

（1）设置排练计时

1）单击"放映"→"排练计时"按钮，在放映窗口出现"预演"工具栏，如图 2-70 所示。

2）当幻灯片放映完毕后，会显示当前演示文稿放映的总时间的消息框，单击"是"按钮，完成幻灯片的排练计时，如图 2-71 所示。

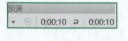

图 2-70　"预演"工具栏

图 2-71　消息框

（2）双屏播放

双屏播放的前提是使用演示文稿的计算机已接入两台显示器。

单击"放映"→"放映设置"按钮，打开"设置放映方式"对话框，设置"放映类型"为"演讲者放映（全屏幕）"，"多显示器"为"显示器 2"，勾选"显示演讲者视图"复选框，如图 2-72 所示。

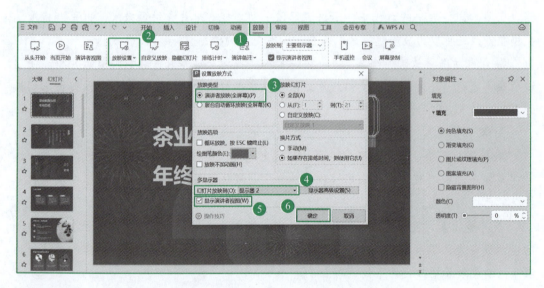

图 2-72　双屏播放设置

（3）新建自定义放映

1）单击"放映"→"自定义放映"按钮，打开"自定义放映"对话框，单击右上角的"新建"按钮，打开"定义自定义放映"对话框，在"幻灯片放映名称"文本框中输入名称为"自定义放映 1"，在"在演示文稿中的幻灯片"列表框中选择要放映的幻灯片,单击"添加"按钮,根据需要调整幻灯片顺序,单击"确定"按钮,如图 2-73 所示。

2)返回"自定义放映"对话框中,选中"自定义放映 1",单击"放映"按钮,如图 2-74 所示,即可在计算机上全屏放映幻灯片。

图 2-73　新建自定义放映

图 2-74　放映"自定义放映"

2.5.2　控制演示文稿的放映

作为演讲者,掌握演示文稿的放映技巧十分重要,这不仅能够帮助演讲者更好地引领观众思路,还能增强演讲的节奏和表现。避免因操作不熟练造成停顿或混乱,影响听众对演讲内容的理解和接受度,具体要求如下:

1)了解放映演示文稿的方法。

2)了解定位幻灯片的方法。

3）掌握放映操作工具的用法。

➤ 知识技能点

- 定位幻灯片
- 激光笔
- 添加墨迹注释
- 放大镜

 知识窗

控制演示文稿的放映

1. 放映演示文稿

在大部分情况下，演示文稿都是按照设置的效果顺序放映，WPS 演示提供了从头开始放映和当页开始放映两种方式。

从头开始：从演示文稿的第一张幻灯片开始放映。单击"放映"→"从头开始"按钮，或按 F5 键，或选择第一张幻灯片缩略图并单击"当页开始"按钮（或双击缩略图），均可实现从头开始放映。

当页开始：从选中的幻灯片开始放映。单击"放映"→"当页开始"按钮，或按 Shift+F5 快捷键，或单击右下角的"幻灯片放映"按钮，均可实现当页开始放映。

结束放映：按 Esc 键。

2. 定位幻灯片

切换上下页或某一页：在幻灯片处于手动放映状态下，通过单击鼠标或按空格键，进入下一页；通过按 Backspace 键，进入上一页；通过输入编号后直接按 Enter 键，进入某一页。

在幻灯片放映视图中，右击，弹出如图 2-75 所示的快捷菜单，或单击屏幕左下角的"放映控制"按钮，如图 2-76 所示，演讲者可利用这些命令或按钮控制幻灯片的放映过程。

3. 放映操作工具

在放映演示文稿的过程中，为了强化表达效果和与观众的互动性，WPS 演示支持丰富的放映操作工具，其中包括激光笔、聚光灯、墨迹注释和放大镜功能。

激光笔：可以在屏幕上清晰地指示当前焦点，帮助观众跟随演讲者的思路，聚焦于幻灯片的关键区域。

聚光灯：屏幕上的光标指针会变成聚光灯形状，聚光灯随着光标的移动而移动，并高亮显示该区域，帮助演讲者在放映幻灯片时聚焦观众的注意力到特定区域。

墨迹注释：在放映过程中，演讲者可以临时添加手写笔记、图形或高亮文本，用于解释、强调或扩展幻灯片上的内容，这种即时注解功能增强了现场演示的灵活性和生动性。

图 2-75　控制放映快捷菜单　　　　　　　　　图 2-76　"放映控制"按钮

　　放大镜：如果幻灯片中有微小细节需要观众仔细查看，可使用放大镜功能局部放大幻灯片的任何部分，确保即使坐在后排的观众也能清晰地看见重要信息。

　　通过熟练运用这些工具，演讲者不仅能更好地引导观众关注重点，还能适时解答疑问，使演讲过程更加生动有趣，有效提升沟通效率与效果。

➤ 任务实施

　　（1）定位幻灯片

　　1）下一页：在幻灯片处于手动放映状态下，通过单击鼠标或按空格键，进入下一页。

　　2）上一页：在幻灯片处于手动放映状态下，通过按 Backspace 键，进入上一页。

　　3）具体某一页：在幻灯片处于手动放映状态下，输入编号后直接按 Enter 键。

　　4）放映演示文稿，右击，在弹出的快捷菜单中选择"定位"命令，出现级联菜单，如图 2-77 所示，可以选择对应幻灯片的命令。

　　5）翻页笔：通常用于在演示过程中远程控制幻灯片的翻页，为演讲者提供更大的活动空间和便利性。在演示文稿放映时，按翻页笔上的向下箭头可以实现翻到下一张幻灯片的效果；相反，按向上箭头则可以回到上一张幻灯片。翻页笔通常还具备激光指示功能，可以通过按最后一个按键，指出幻灯片上的特定内容或细节。

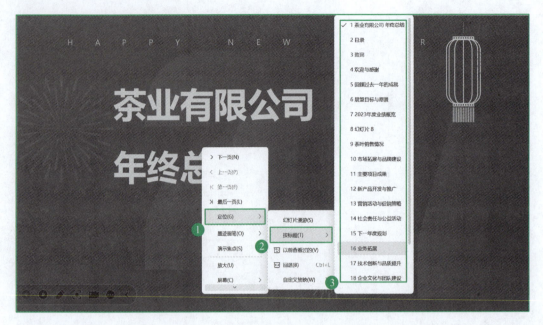

图 2-77　定位幻灯片

（2）激光笔

在幻灯片上右击，在弹出的快捷菜单中选择"演示焦点"→"激光笔"命令，可使用激光笔工具。

（3）添加墨迹注释

在幻灯片上右击，在弹出的快捷菜单中选择"墨迹画笔"命令，在级联菜单可选择"圆珠笔""水彩笔""荧光笔"的任一项，此时光标变成一个小圆点，在需要突出重点的地方拖动鼠标即可绘制或高亮需要突出的内容，可以自由标注、划线或圈出重点。

（4）放大镜

在幻灯片上右击，在弹出的快捷菜单中选择"演示焦点"→"放大镜"命令；或者在幻灯片左下角的"放映控制"按钮中找到放大镜按钮。放大镜功能可以使演讲者更加直观清晰地展示细节内容，增加观众的理解度和体验感。

职场透视

掌握多种放映方式，如从头开始、当页开始、自定义放映，以及结束放映的方法，是职场必备的技能之一。在放映中，快速准确地翻页至关重要，应熟练使用多种翻页工具，包括方向键、鼠标左键（单击）、鼠标右键（快捷菜单）、编号 +Enter 组合键、翻页笔等，确保在任何环境下都能自如控制幻灯片的播放顺序和速度。为了增强现场讲解的互动性和有效性，有时还需使用幻灯片的放映辅助功能，如放映指针、墨迹注释和放大镜等，可在放映过程中随时指出焦点，进行批注或解释，对局部进行放大展示，帮助观众更好地理解和把握要点。

在准备演讲或培训过程中，通过排练计时功能，能够精确预估每一张幻灯片的展示时间，确保整个演示过程紧凑有序，既能有效传达信息，又能把控演讲节奏。双屏播放模式既可为主讲者提供便捷的备注和控制界面，又能在大屏幕上为观众呈现清晰的演示内容，尤其适用于学术报告、教育培训、商务展示等多种场合。

职业技能要求

职业技能要求见表 2-9。

表 2-9　本任务对应 WPS 办公应用职业技能等级认证要求（中级）

工作任务	职业技能要求
演示文稿的放映	① 掌握不同的放映方式，如从头开始、当页开始、自定义放映，以及结束放映的方法；掌握放映中翻页的方法，如方向键、鼠标左键（单击）、鼠标右键（快捷菜单）、编号 +Enter 组合键、翻页笔等；能使用放映指针、墨迹注释及放大镜进行播放操作； ② 能够掌握排练计时和双屏播放的用法

任务测试

一、单项选择题

1. 在 WPS 演示中，（　　）方式可以让用户从第一张幻灯片开始放映。

　　A. 自定义放映　　　　　　　　　　B. 当页开始

　　C. 从头开始　　　　　　　　　　　D. 双屏播放

2. 在进行演讲时，使用（　　）可快速切换到某一张编号为 6 的幻灯片。

　　A. 方向键　　　　　　　　　　　　B. 6 + Enter 组合键

　　C. 鼠标右键　　　　　　　　　　　D. 翻页笔

3. 在 WPS 演示放映过程中，按（　　）可以结束放映。

　　A. Enter 键　　　　　　　　　　　B. 空格键

　　C. Esc 键　　　　　　　　　　　　D. Backspace 键

4. 为了在正式演讲时能按照预设时间自动切换幻灯片，应使用 WPS 演示的（　　）功能。

　　A. 幻灯片过渡　　　　　　　　　　B. 动画方案

　　C. 排练计时　　　　　　　　　　　D. 自定义动画

二、多项选择题

1. 在 WPS 演示中，（　　）可以用来开始放映演示文稿。

　　A. 从头开始　　　　　　　　　　　B. 当页开始

　　C. 自定义放映　　　　　　　　　　D. 结束放映

2. 在放映演示文稿时，可以使用（　　）方法来翻到下一张幻灯片。

　　A. 右方向键　　　　　　　　　　　B. 鼠标左键

　　C. N+Enter 组合键　　　　　　　　D. 翻页笔

三、实操题

使用 WPS 演示打开"二十四节气简介 .pptx"演示文稿，按要求完成各项操作并保存。

1）将幻灯片放映类型设置为：演讲者放映（全屏幕），放映选项设置为：循环放映，按 Esc 键终止。

2）将使用该演示文稿进行演讲，现需要对演示文稿排练计时，请记录下每张幻灯片的显示时间。

任务验收

任务验收评价表见表 2-10，可对本节任务的学习情况进行评价。

表 2-10　任务验收评价表

任务评价指标				
序号	内容	自评	互评	教师评价
1	掌握不同的放映方式，如从头开始、当页开始、自定义放映，以及结束放映的方法			
2	掌握放映中翻页的方法，如方向键、鼠标左键（单击）、鼠标右键（快捷菜单）、编号 +Enter 组合键、翻页笔等			
3	能使用放映指针、墨迹注释及放大镜进行播放操作			
4	掌握排练计时			
5	双屏播放的用法			

任务 2.6　移动端实时完善茶叶新品发布演示文稿

任务情境

移动端完善演示文稿

案例素材
单丛茶新品演示文稿

为响应国家乡村振兴战略的号召，某茶叶有限公司积极投身于乡村振兴大潮中，与茶农携手合作，共同探索凤凰单丛茶的高质量发展之路。近期，公司即将推出一款新的凤凰单丛茶产品，该新品产自广东省潮州市潮安区的凤凰山。凤凰单丛茶的历史可追溯至南宋末年，经过晒青、烘焙等精细的制作工艺，单丛茶叶蜕变为带动地方经济发展的"金叶子"。这片叶子的种植、加工和流通过程，也见证了当地人民依托单丛茶产业走向富裕的奋斗历程。

小莉在出差途中接到主管的紧急通知，需要对即将在下午会议上展示的单丛茶新品演示文稿（后面简称"新品演示文稿"）进行修改和优化。她利用 WPS 移动端便捷的功能，实现了对演示文稿的实时编辑和完善，确保了会议的顺利进行。演示文稿效果如图 2-78 所示。

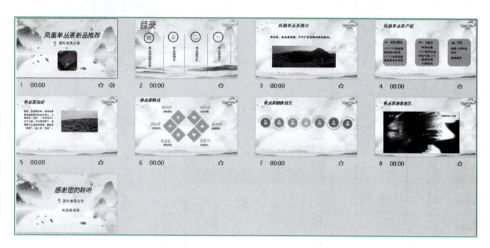

图 2-78　单丛茶新品演示文稿效果图

2.6.1　设置图片

新品演示文稿已经完成了大略结构，有部分幻灯片还需要继续添加元素进行完善，如第 3 张幻灯片中需要添加"凤凰山"相关的图片，并需要对其进行美化，具体要求如下：

1）插入"凤凰山 .jpg"图片，对该图片进行裁剪处理。

2）为"凤凰山 .jpg"图片设置红色粗边框线。

➤ **知识技能点**

● 在移动端的演示文稿中插入图片，并对图片进行简单编辑

 知识窗

设　置　图　片

在制作幻灯片时，经常需要利用图片，起到辅助讲解和美化幻灯片的作用。在 WPS 演示移动端中可以插入图片，也能对图片进行图片编辑、旋转、裁剪等操作。单击"工具"→"插入"→"图片"按钮，可选择"拍照"或"系统相册"，或在稻壳素材库中选择图片插入。调整图片和旋转角度可使图片适应文档；通过裁剪功能可去除图片中多余部分，使之符合幻灯片的使用要求。

➤ **任务实施**

（1）插入图片

选择第 3 张幻灯片，单击"工具"→"插入"→"图片"按钮，选择"系统相册"，选择要插入的图片，如图 2-79 所示。

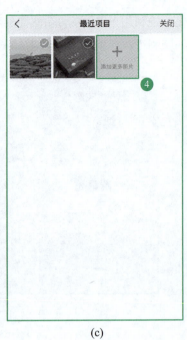

(a)　　　　　　　　(b)　　　　　　　　(c)

图 2-79　插入图片

（2）裁剪图片

保持"凤凰山.jpg"图片处于选中状态，单击"裁剪"按钮，进入"裁剪"状态，拖动修改裁剪区域位置，将图片上方的部分天空裁掉，如图 2-80 所示。

(a)　　　　　　　　(b)

图 2-80　裁剪图片

（3）设置图片边框线

保持"凤凰山.jpg"图片处于选中状态，选择"图片"→"图片"选项卡，选择图片的边框样式为第 1 种，边框颜色为红色，边框粗细为第 4 种，如图 2-81 所示。

图 2-81　设置图片边框线

 自主探究

单击"工具"→"图片"→"创意裁剪"按钮，可以实现更加美观的效果，可在第 5 张幻灯片中插入"茶园.jpg"图片，并对其进行创意裁剪，具体操作请自主探究。

2.6.2　插入和设置多媒体

在制作演示文稿时，特别是制作有关作品展示、新品推广的演示文稿时，巧妙融入多媒体元素能够显著提升传播效果。在幻灯片已经图文并茂的基础上，进一步嵌入音频与视频对象，将有力地强化观众的观感和兴趣，进而提升演示文稿的信息传递效率及影响力。现需要在新品演示文稿中加入音频和视频，具体要求如下：

1）在第 1 张幻灯片插入音频，并设置为背景音乐。

2）在第 8 张幻灯片中插入视频。

➤ **知识技能点**

- 插入并设置音频
- 插入视频

知识窗

插入多媒体

在幻灯片中插入音频和视频能使演示文稿更加生动有趣。在制作演示文稿时，尤其是制作一些有关作品展示、新品推广的演示文稿，插入多媒体文件可以达到事半功倍的效果，从而提高演示文稿的演示效率。

在 WPS 演示的移动端中，单击"工具"→"插入"→"音频"按钮，根据实际选择音频路径，即可插入音频，还可以对音频进行播放设置。采用同样的方法插入视频后，也可以为视频设置"对象层次"和边框样式。

➤ 任务实施

（1）插入音频

1）选择第 1 张幻灯片，单击"工具"→"插入"→"音频"按钮，根据实际需要选择音频存放路径，即可插入音频，如图 2-82 所示。

2）选中音频，单击"音频"→"作背景音乐"按钮，如图 2-83 所示。

（2）插入视频

选择第 8 张幻灯片，单击"工具"→"插入"→"视频"按钮，选择相册中的视频，即可插入视频，如图 2-84 所示。

图 2-82　插入音频　　　　图 2-83　设置音频为背景音乐　　　　图 2-84　插入视频

2.6.3　添加切换效果

为幻灯片添加切换效果，可以提升放映过程中的活力与趣味性，让观众享受到更丰富的视觉体验，并能够有效吸引他们的注意力。现需要为新品演示文稿添加切换效果，要求全部幻灯片的切换效果设置为"推出"。

➤ **知识技能点**

- 切换效果

 知识窗

添加切换效果

幻灯片的切换效果是指一张幻灯片从屏幕上消失后，另一张幻灯片显示在屏幕上的方式。添加切换效果的目的是使前后两张幻灯片之间能自然过渡。WPS 演示移动端提供了丰富的幻灯片切换效果，如图 2-85 所示。

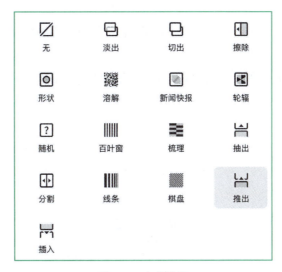

图 2-85　切换效果

➤ **任务实施**

选择第一张幻灯片，单击"工具"→"切换"按钮，选择"推出"选项，单击"应用到全部幻灯片"按钮，如图 2-86 所示。

2.6.4　插入超链接

在演示文稿中插入超链接后，可实现幻灯片内容的快速跳转，使得幻灯片在放映时富有表现力和包容度。现需要为新品演示文稿插入超链接，具体要求如下：

1）在第 2 张幻灯片（即目录页）中的对象插入超链接，使得单击超链接后能跳转到本演示文稿中对应的幻灯片。

图 2-86　添加切换效果

2）将第 6 张幻灯片中的"单丛茶制作技艺"链接到中国非物质文化遗产网的官网。

3）将第 9 张幻灯片中的"欢迎联系我们"链接到电子邮箱。

➤ **知识技能点**

● 超链接

　知识窗

插入超链接

所谓超链接，就是从一张幻灯片到同一演示文稿中另一张幻灯片的链接，或者从一张幻灯片到不同演示文稿中的另一张幻灯片，或者电子邮件、网页等的链接，可实现内容间的无缝跳转与关联。选中要插入超链接的对象后，单击"工具"→"插入"→"超链接"按钮，在打开的"超链接"对话框中根据需求设置即可。

➤ **任务实施**

（1）为第 2 张幻灯片设置超链接

1）选择第 2 张幻灯片，选中文本"单丛茶简介"，单击"工具"→"插入"→"超链接"按钮，如图 2-87 所示。

2）在"超链接"对话框的"链接到："下拉列表中选择"幻灯片"，在"位置"下拉列表中选择"第 3 页幻灯片"，单击"确定"按钮，如图 2-88 所示。

图 2-87　插入超链接　　　　　　　　　　　图 2-88　设置超链接

3）采用同样的方法设置文本"单丛茶历史""单丛茶特点""单丛茶泡茶技艺"分别链接到本演示文稿的第 4、5 和 7 张幻灯片。

（2）链接到网页

选中第 6 张幻灯片中的文本"单丛茶制作技艺"，单击"工具"→"插入"→"超链接"按钮，在打开的"超链接"对话框的"链接到："下拉列表中选择"网页"，在"链接"文本框中输入中国非物质文化遗产网的官网网址，单击"确定"按钮，如图 2-89 所示。

（3）链接到邮件

选择第 9 张幻灯片，选中文本"单丛茶制作技艺"，单击"工具"→"插入"→"超链接"按钮，在打开的"超链接"对话框的"链接到："下拉列表中选择"电子邮件"，在"地址"文本框中输入自己的邮箱地址，在"主题"文本框中输入主题内容，单击"确定"按钮，如图 2-90 所示。

图 2-89　链接到网页　　　　　　　　　　　图 2-90　链接到电子邮箱

🔍 职场透视

　　WPS 移动端的演示功能为移动办公提供了强大支持，用户可在智能手机和平板电脑等移动设备上轻松创作和美化演示文稿。通过移动端应用，用户能够便捷地插入并设置图片、音视频等多种元素，从而提升演示文稿的信息丰富度和表现力。此外，用户还能够添加幻灯片之间的切换效果，使幻灯片的衔接更加流畅自然；同时，还能插入超链接，实现内容间的无缝跳转与关联，从而提高演示文稿的连贯性和互动性。这些功能提高了移动办公环境下的演示文稿的制作效率。

🔍 职业技能要求

　　职业技能要求见表 2-11。

表 2-11　本任务对应 WPS 办公应用职业技能等级认证要求（中级）

工作任务	职业技能要求
WPS 演示文稿在移动端的使用	① 能够在移动端演示文稿中对图片进行相关操作，如大小、角度、翻转、亮度、对比度、颜色、按形状裁剪、按比例裁剪等；能够设置应用图片效果； ② 能够在移动端演示文稿中设置切换动画； ③ 能够在移动端演示文稿中插入或新增音频、视频，并对插入对象进行设置； ④ 能够在移动端演示稿中进行关于超链接的相关操作

🔍 任务测试

一、单项选择题

　　1. 在使用 WPS Office 移动端编辑演示文稿时，添加一个点击跳转至网页的超链接的方法是（　　）。

　　　　A. 直接复制网页地址并粘贴到图片或文字上

　　　　B. 在备注区域输入网址

　　　　C. 点击"插入"→"超链接"按钮

　　　　D. 移动端不支持此操作

　　2. 在使用 WPS Office 移动端编辑演示文稿时，不能被插入的媒体文件是（　　）。

　　　　A. 音频　　　　　　　　　　　　　　B. 视频

　　　　C. 图片　　　　　　　　　　　　　　D. PDF 文档

　　3. 在 WPS Office 移动端演示中，超链接无法实现的操作是（　　）。

　　　　A. 跳转到同一演示文稿中的其他幻灯片

　　　　B. 跳转到外部网页

　　　　C. 发送电子邮件

　　　　D. 修改幻灯片内容

　　4. 在 WPS Office 移动端演示中，不能对图片进行的操作是（　　）。

　　A. 大小　　　　　　　　　　　B. 角度

　　C. 旋转　　　　　　　　　　　D. 撤销

5. 在 WPS Office 移动端演示中，不能直接在演示文稿中完成的操作是（　　　）。

　　A. 安装新的字体　　　　　　　B. 更改幻灯片的背景颜色

　　C. 修改幻灯片的布局　　　　　D. 插入新的幻灯片

二、多项选择题

1. 在 WPS Office 移动端编辑演示文稿时，可以对图片进行的操作是（　　　）。

　　A. 裁剪图片　　　　　　　　　B. 旋转图片

　　C. 调整图片大小　　　　　　　D. 设置图片的透明度

2. 在 WPS Office 移动端演示使用超链接时，以下描述正确的是（　　　）。

　　A. 可以链接到其他幻灯片

　　B. 可以链接到互联网上的网页

　　C. 可以链接到本地文档或文件

　　D. 可以链接到邮件地址启动新建邮件

3. 在 WPS Office 移动端演示中，切换动画的类型包括（　　　）。

　　A. 棋盘　　　　　　　　　　　B. 百叶窗

　　C. 抽出　　　　　　　　　　　D. 分割

🔍 任务验收

任务验收评价表见表 2-12，可对本节任务的学习情况进行评价。

表 2-12　任务验收评价表

任务评价指标				
序号	内容	自评	互评	教师评价
1	能够在移动端演示文稿中对图片进行相关操作，如大小、角度、裁剪等；能够设置图片边框			
2	能够在移动端演示文稿中设置切换动画			
3	能够在移动端演示文稿中插入或新增音频、视频，并对插入对象进行设置			
4	能够在移动端演示稿中插入超链接操作			

项目小结

　　本项目以我国深厚的茶文化为背景，利用 WPS 演示的丰富功能，高效地完成了 6 个任务：美化企业宣传演示文稿、排版宣传手册演示文稿、添加茶文化宣传演示文稿动画、制作乌龙茶简介多媒体演示文稿、放映年终总结演示文稿和移动端实时完善茶叶新品演示文稿。根据需要绘制形状可标识重点或者划分区域，设置填充颜色、轮廓和效果，使形状更具有视觉冲击力和艺术美感。通过对图片进行裁剪，亮度、对比度的调整和设置效果等一系列美化操作，使图片与整体一致，提升视觉效果。编辑表格并设置表格填充、边框线等，增强数据呈现的专业度和可读性。利用母版设置统一风格的幻灯片版式不仅节约时间，而且风格高度统一。采用预设的模板或主题可快速设置整个演示文稿的设计风格和格式。利用对齐工具、网格线和参考线，可以确保幻灯片中各对象排列有序、层次分明，使幻灯片看起来整洁大方，具有基本的美感。通过插入和编辑音视频，可丰富幻灯片内容，更好地诠释演示内容，使观众在观看的同时拥有和谐的视听体验。超链接可以指向网页、电子邮箱地址、其他文件和同一演示文稿中其他幻灯片，实现内容之间的跳转和互动性的提升。合并演示文稿能够将不同来源或不同团队成员制作的分段内容拼接成一个统一的、逻辑连贯的演示文稿。在放映演示文稿之前，需要先对演示文稿进行演练，如进行排练计时、放映选项、放映范围及换片方式等。学会根据不同的需求选择不同的放映方式，如从头开始、当页开始、自定义放映，以及结束放映的方法。根据不同的需求选择幻灯片放映翻页的方法，如方向键、鼠标左键（单击）、鼠标右键（快捷菜单）、编号 +Enter 组合键、翻页笔等。演讲时使用放映指针、墨迹注释及放大镜进行播放操作，能够帮助演讲者更好地引导观众的思路，增强演讲的节奏感和表现力。

　　本项目教学不仅锻炼了读者的演示文稿制作技能，同时加深对我国茶文化的了解，还体现了党的二十大精神中关于文化自信、乡村振兴、绿色发展和科技创新的重要理念，增强了读者的社会责任感和使命感。

项目 *3*
表格数据处理

随着时代的不断发展，数据分析在企业经营决策方面起着越来越重要的作用，数据处理和分析广泛应用于金融、零售、医疗、互联网、交通物流、制造等领域。WPS 是国内发展最早的基础办公软件之一，具有较高的影响力，WPS 表格具有强大的数据处理能力，更加符合中国人的使用习惯，学会使用 WPS 表格对数据进行高效处理显得尤为重要。

本项目根据 WPS 办公应用职业技能等级标准（中级）的相关要求，讲解如何使用 WPS 表格处理数据，实现高效办公，将 WPS 表格的学习内容重构为 6 个实践任务，分别为制作订单情况跟进表、计算安全生产知识考核成绩表、简单分析销售情况表、直观展示销售情况表、阅读和保护数据表、移动端实时数据处理与分析。

项目目标

➤ **知识目标**

- 了解设置数据有效性的作用
- 了解数据分列、数据对比的功能
- 了解单元格地址混合引用的格式和作用
- 理解常用逻辑函数、文本函数、统计函数的功能和参数
- 理解数据排序的原理和功能
- 理解自动筛选和自定义筛选的作用
- 了解常用图表类型的作用和特点
- 理解图表各组成部分的含义及作用
- 了解组合图表的构成原理
- 了解阅读模式和护眼模式的功能
- 了解保护工作表和工作簿、共享工作簿的功能
- 了解移动端电子表格的功能和应用场景

➤ **能力目标**

- 能够利用数据有效性功能提高数据录入的准确性
- 能够使用重复项、数据对比、数据分列、查找和替换功能快速整理数据
- 能够使用简单排序、多关键字复杂排序和自定义排序进行数据处理
- 能够实现数据的自动筛选和自定义筛选
- 能够使用常用逻辑函数、文本函数、统计函数、日期函数进行数据计算
- 能够更改图表类型，创建组合图表
- 能够设置图表各元素的格式和图表样式
- 能够设置阅读模式和护眼模式
- 能够在移动端电子表格中对数据进行升序或降序排序
- 能够在移动端电子表格中实现数据的筛选

- 能够在移动端电子表格中使用函数进行计算
- 能够在移动端电子表格中创建图表

➤ **素养目标**

- 通过学习和实践数据有效性的设置，培养严谨细致的数据录入习惯，提升信息管理的能力
- 通过掌握并运用数据分列、对比、查找和替换等实用功能，培养高效快捷的数据整理和分析能力
- 通过系统学习和应用常用逻辑函数、文本函数、统计函数和日期函数等，培养数学逻辑能力
- 熟练运用数据筛选、排序等方法，提升数字素养
- 通过制作规范准确、视觉美观的图表，提升沟通表达能力和美学素养
- 通过使用阅读模式、护眼模式等功能，培养注重工作效率和健康用眼的工作习惯
- 通过熟悉和实施工作表、工作簿保护措施，提升信息安全意识和协同办公环境下权限管理的能力
- 通过移动端电子表格，提升跨平台数据处理和移动办公的能力
- 通过对电子表格各项功能的持续学习和不断实践，培养与时俱进的技术应用能力和终身学习的积极态度

项目导图

项目 3 的项目导图如图 3-1 所示。

图 3-1　项目 3 的项目导图

任务 3.1　制作订单情况跟进表

🔍 任务情境

小欣是一名职业院校的毕业生，应聘到某贸易有限公司工作，该公司抓住国家政策为中小企业提供支持的宝贵机遇，积极开拓外贸市场，

制作订单情况跟进表

PPT

近两年来，出口订单明显增多。为了方便员工跟进订单，加强与客户的联系，及时做好服务工作，营销部主管让小欣制作一张"订单情况跟进表"，以便录入每一张订单的相关数据，并能实现数据的查找与及时更新。

3.1.1　设置数据有效性

微课 3-1
设置数据
有效性

　　在制作表格的时候，设置数据有效性可以限制单元格中可输入的内容，如单元格中数据的数值范围、文本内容、文本长度等。通过设置数据有效性的单元格，可以为填写数据的人提供提示信息，减少输入错误，提高工作效率。

　　本任务需制作"订单情况跟进表"，效果如图 3-2 所示，并对其中部分数据设置有效性，以提高录入数据的准确性和规范性，具体要求如下：

1）设置"登记日期"列为日期格式，并且日期在今天之前。

2）设置"数量"列只能输入整数，且数值大于或等于 1。

3）设置"折扣"列只能输入小数，且数值在 0 到 1 之间。

4）设置"目前进度"列只能输入"已接单""已配货""运送中""已签收"，并提供下拉箭头，可通过单击下拉列表选择其中一项。

5）设置"手机号码"列只能输入 11 位数字。

订单情况跟进表											
序号	登记日期	客户	产品	型号	单价	数量	折扣	总价	要求收货日期	目前进度	联系人	手机号码

图 3-2　订单情况跟进表

➤ **知识技能点**

- 限制输入数据为日期格式
- 限制输入数据为整数
- 限制输入数据为小数
- 限制输入序列内容
- 限制输入文本的长度

知识窗

数据有效性

在表格中录入或导入数据的过程中，难免会有错误的或不符合要求的数据出现，WPS 表格提供了一种功能可以对输入数据的准确性和规范性进行控制，该功能称为"数据有效性"。它的控制方法包括两种：一种是限定单元格的数据输入条件，在用户输入的环节上进行验证；另一种是对现有的数据进行有效性校验，对已输入的数据进行把控。

数据有效性的命令按钮在"数据"选项卡的功能区中，如图 3-3 所示。

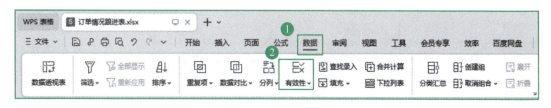

图 3-3　数据有效性的命令按钮

➤ 任务实施

1）新建工作簿"订单情况跟进表 .xlsx"，录入相关内容并对表格进行美化，如图 3-2 所示。

2）设置"登记日期"列为日期格式，并且日期在今天之前。

① 选中 B3：B15 单元格区域，单击"数据"→"有效性"按钮，如图 3-4 所示，打开的"数据有效性"对话框。

图 3-4　选中设置"日期"数据有效性区域

② 在"设置"选项卡中的"允许"下拉列表中选择"日期"选项，在"数据"下拉列表中选择"小于或等于"选项，在"结束日期"文本框中输入"=today()"，单击"确定"按钮，如图 3-5 所示。

图 3-5　日期输入限制

 知识窗

TODAY 函数及其应用

TODAY 函数的作用是返回日期格式的系统当前日期，该函数不需要参数，但后面的括号不可省略。需要表述某个日期之前或之后的时候，可以采用关系运算符，例如：>TODAY() 表示的是系统当前日期以后的日期。

3）设置"数量"列只能输入整数，且数值大于或等于 1。

① 选中 G3：G15 单元格区域，单击"数据"→"有效性"按钮，如图 3-6 所示，打开"数据有效性"对话框。

② 在"设置"选项卡中的"允许"下拉列表中选择"整数"选项，在"数据"下拉列表中选择"大于或等于"选项，在"最小值"文本框中输入"1"，单击"确定"按钮，如图 3-7 所示。

4）设置"折扣"列只能输入小数，且数值在 0 到 1 之间。

① 选中 H3：H15 单元格区域，单击"数据"→"有效性"按钮，如图 3-8 所示，打开"数据有效性"对话框。

② 在"设置"选项卡中的"允许"下拉列表中选择"小数"选项，在"数据"下拉列表中选择"介于"选项，在"最小值"文本框中输入"0"，在"最大值"文本框中输入"1"，单击"确定"按钮，如图 3-9 所示。

图 3-6　选中设置"整数"数据有效性区域

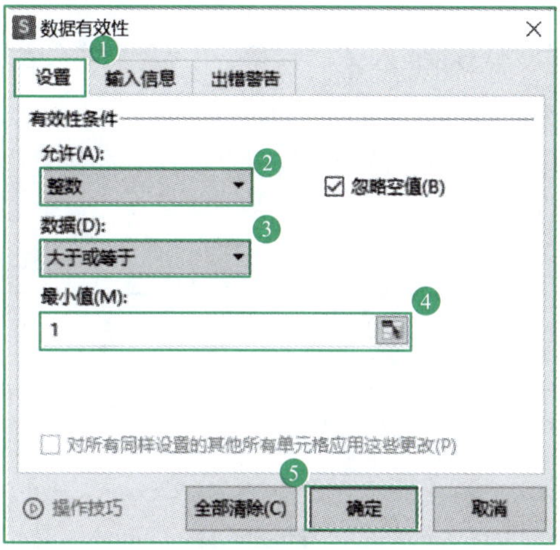

图 3-7　限制输入整数

图 3-8　选中设置"小数"数据有效性区域

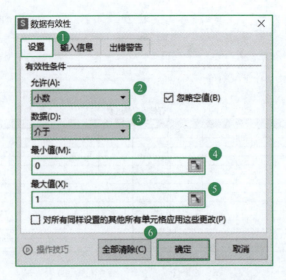

图 3-9　限制输入小数

5）设置"目前进度"列只能输入"已接单""已配货""运送中""已签收"，可通过下拉列表选择其中一项。

① 选中 K3: K15 单元格区域，单击"数据"→"有效性"按钮，如图 3-10 所示，打开"数据有效性"对话框。

图 3-10　选中设置"序列"数据有效性区域

② 在"设置"选项中的"允许"下拉列表中选择"序列"选项，在"来源"文本框中输入"已接单,已配货,运送中,已签收"，并勾选"提供下拉箭头"复选框，单击"确定"按钮，如图 3-11 所示。

图 3-11　限制输入序列

 知识窗

序　　列

序列中的每个选项之间需要使用逗号隔开，且逗号必须为英文输入状态下的逗号。

序列还可以通过单击"数据"→"下拉列表"按钮，以插入下拉列表的方式来实现。

6）设置"手机号码"列只能输入 11 位数字。

① 选中 M3: M15 单元格区域，单击"数据"→"有效性"按钮，如图 3-12 所示，打开"数据有效性"对话框。

图 3-12　选中设置"文本长度"数据有效性区域

② 在"设置"选项卡中的"允许"下拉列表中选择"文本长度"选项，在"数据"下拉列表中选择"等于"选项，在"数值"文本框中输入"11"，单击"确定"按钮，如图 3-13 所示。

图 3-13　限制文本长度

自主探究

通过在"序列"→"来源"文本框中单击右侧的按钮，选择目标序列所在的单元格区域，这样是否更便捷，请自主探究。

3.1.2　数据查找与替换

微课 3-2
数据查找与
替换

在处理数据量较大的工作表时，输入数据时难免会发生错误，当工作表中有多个地方输入了同一个错误的内容，手动查找并逐个修改会非常烦琐。此时，可以利用查找与替换功能，一次性修改所有错误内容。

例如，要在已录入数据的"订单情况跟进表"中修改内容，具体要求如下：

1）打开"订单情况跟进表 -2.xlsx"工作簿，将"笔记本电脑"的折扣数据"0.9"修改为"0.88"。

2）将函数"SUM"修改为"PRODUCT"，使其计算结果正确。

3）查找"登记日期"和"要求收货日期"在 2023 年 11 月的所有数据。

4）查找"平板电脑"数据，并给所有"平板电脑"的单元格添加黄色底纹。

➤ 知识技能点

● 查找与替换数值

- 查找和替换函数
- 使用通配符进行查找
- 替换格式

➤ **任务实施**

1）将"笔记本电脑"的折扣数据"0.9"修改为"0.88"。

① 打开"订单情况跟进表-2"，单击"开始"→"查找"下拉按钮，在下拉列表中选择"替换"选项，如图 3-14 所示，打开"替换"对话框。

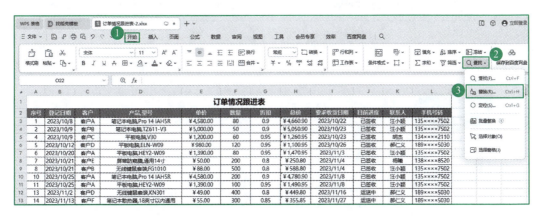

图 3-14　"替换"命令

② 在"替换"选项卡的"查找内容"文本框中输入"0.9"，在"替换为"文本框中输入"0.88"，如图 3-15 所示；再单击右下角的"选项"按钮，展开选项，勾选"单元格匹配"复选框，单击"全部替换"按钮，此时弹出确认窗口，单击"确定"按钮，提示该表格中所有的"0.9"都已经替换为"0.88"，再单击"关闭"按钮，关闭对话框，如图 3-16 所示。

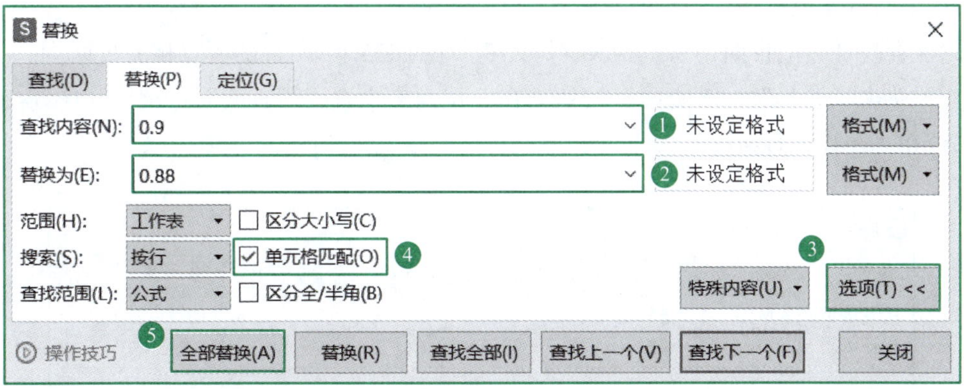

图 3-15　"替换"对话框

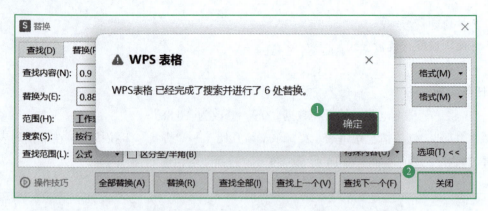

图 3-16　完成替换

在"替换"对话框的展开选项中，是否勾选"单元格匹配"复选框会有何种区别的结果，请自主探究。

2）将函数"SUM"修改为"PRODUCT"。

① 单击"开始"→"查找"按钮，在下拉列表中选择"替换"选项，打开"替换"对话框。

② 在"替换"选项卡中的"查找内容"文本框中输入"SUM"，在"替换为"文本框中输入"PRODUCT"，单击"全部替换"按钮，如图 3-17 所示，此时表格中所有的 SUM 函数都替换为 PRODUCT 函数，如图 3-18 所示，计算结果也相应改变，如图 3-19 所示。需要注意的是，这种替换函数的方法只适用于替换和被替换函数的参数相同的情况，如果两者参数不同，则不能用此方法进行替换。

3）查找"登记日期"和"要求收货日期"在 2023 年 11 月的所有相关数据。

① 单击"开始"→"查找"按钮，在下拉列表中选择"查找"选项，如图 3-20 所示，打开"查找"对话框。

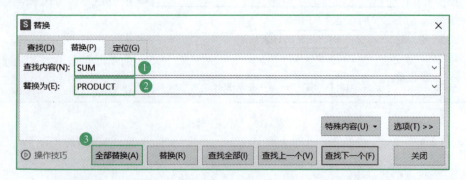

图 3-17　"替换"对话框

图 3-18　完成替换

序号	登记日期	客户	产品/型号	单价	数量	折扣	总价	要求收货日期	目前进度	联系人	手机号码
							订单情况跟进表				
1	2023/10/8	客户A	笔记本电脑,Pro 14 IAH5R	￥4,580.00	80	0.88	￥4,660.88	2023/10/22	已签收	汪小颖	135×××7502
2	2023/10/9	客户B	笔记本电脑,TZ611-V3	￥5,000.00	50	0.88	￥5,050.88	2023/10/23	已签收	汪小颖	135×××7502
4	2023/10/9	客户C	平板电脑,V30	￥1,200.00	60	0.95	￥1,260.95	2023/10/23	已签收	胡杰	134×××2110
5	2023/10/12	客户D	笔记本电脑,ELN-W09	￥980.00	120	0.95	￥1,100.95	2023/10/26	已签收	郝仁义	189×××5030
6	2023/10/20	客户A	平板电脑,HEY2-W09	￥1,390.00	80	0.95	￥1,470.95	2023/11/3	已签收	汪小颖	135×××7502
7	2023/10/21	客户E	屏幕防窥膜,通用14寸	￥50.00	200	0.8	￥250.80	2023/11/4	已签收	杨曦	138×××8520
8	2023/10/21	客户B	无线键鼠套装,FG1010	￥88.00	500	0.8	￥588.80	2023/11/4	已签收	汪小颖	135×××7502
10	2023/10/25	客户A	笔记本电脑,Pro 14 IAH5R	￥4,580.00	200	0.88	￥4,780.88	2023/11/8	已签收	汪小颖	135×××7502
11	2023/10/25	客户A	平板电脑,HEY2-W09	￥1,390.00	100	0.95	￥1,490.95	2023/11/8	已签收	汪小颖	135×××7502
13	2023/11/2	客户D	无线键鼠套装,KN301	￥49.00	400	0.8	￥449.80	2023/11/16	运送中	郝仁义	189×××5030
14	2023/11/13	客户F	笔记本散热器,18英寸以内通用	￥55.00	300	0.85	￥355.85	2023/11/27	运送中	郝仁义	189×××5030
15	2023/11/14	客户A	电源适配器,LX 65W方口	￥96.00	200	0.8	￥396.80	2023/11/28	运送中	汪小颖	135×××7502
16	2023/11/15	客户F	笔记本防盗锁,NL-1	￥25.00	200	0.8	￥225.80	2023/11/29	运送中	郝仁义	189×××5030
18	2023/12/1	客户B	笔记本电脑,Pro 14 IAH5R	￥4,580.00	100	0.88	￥4,680.88	2023/12/15	运送中	汪小颖	135×××7502
19	2023/12/5	客户G	笔记本电脑,TZ611-V3	￥5,000.00	180	0.88	￥5,180.88	2023/12/19	已配货	杨曦	138×××8520
20	2023/12/8	客户H	平板电脑,V30	￥1,200.00	220	0.95	￥1,420.95	2023/12/22	已配货	杨曦	138×××8520
21	2023/12/10	客户D	屏幕防窥膜,通用14寸	￥50.00	400	0.8	￥450.80	2023/12/24	已配货	郝仁义	189×××5030
22	2023/12/15	客户E	无线键鼠套装,FG1010	￥88.00	360	0.8	￥448.80	2023/12/29	已配货	杨曦	138×××8520
23	2023/12/16	客户I	笔记本电脑,Pro 14 IAH5R	￥4,580.00	250	0.88	￥4,830.88	2023/12/30	已配货	郝仁义	189×××5030
24	2023/12/20	客户J	平板电脑,HEY2-W09	￥1,390.00	180	0.95	￥1,570.95	2024/1/3	已配货	胡杰	134×××2110
25	2023/12/21	客户C	无线键鼠套装,KN301	￥49.00	300	0.8	￥349.80	2024/1/4	已配货	胡杰	134×××2110
26	2023/12/25	客户K	笔记本散热器,18英寸以内通用	￥55.00	200	0.85	￥255.85	2024/1/6	已配货	唐思思	138×××9520
27	2024/1/2	客户L	无线键鼠套装,KN301	￥49.00	250	0.8	￥299.80	2024/1/16	已配货	唐思思	138×××9520
28	2024/1/5	客户A	笔记本散热器,18英寸以内通用	￥55.00	180	0.85	￥235.85	2024/1/19	已接单	汪小颖	135×××7502

图 3-19　替换结果

图 3-20　"查找"命令

② 在"查找"选项卡中的"查找内容"文本框中输入"2023/11/*"，单击"查找全部"按钮，如图 3-21 所示，即可查找出 2023 年 11 月的所有相关数据，如图 3-22 所示。

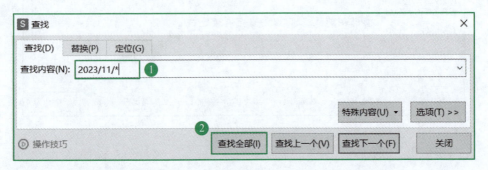

图 3-21 "查找"对话框

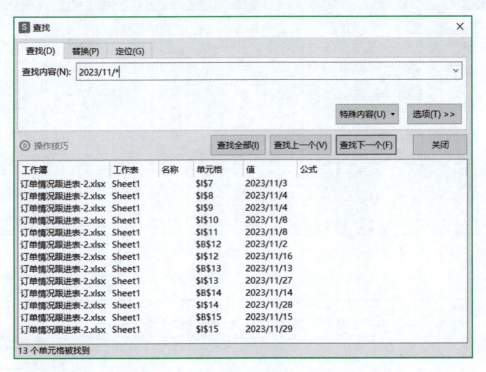

图 3-22 查找结果

通　配　符

在工作表中查找内容时，有时无法确定要查找的具体内容，此时可以使用通配符进行模糊查找。通配符主要有"？"和"＊"两个，并且要在英文状态下输入。其中，"？"代表一个字符，"＊"代表多个字符。

4）查找"平板电脑"数据，并给所有"平板电脑"的单元格添加黄色底纹。

① 单击"替换"选项卡，在"查找内容"文本框中输入"平板电脑"，在"替换为"文本框中输入"平板电脑"，单击"选项"按钮，如图 3-23 所示。

图 3-23　"替换"对话框

② 在展开的选项中单击"格式"下拉按钮，在下拉列表中选择"设置格式"选项，如图 3-24 所示。在打开的"替换格式"对话框中，单击"图案"选项卡，选择"黄色"底纹，如图 3-25 所示，单击"确定"按钮，在图 3-26 所示的"替换"对话框中单击"全部替换"按钮，在图 3-27 中依次单击"确定""关闭"按钮，即可将所有"平板电脑"字体添加黄色底纹，结果如图 3-28 所示。

图 3-24　展开选项

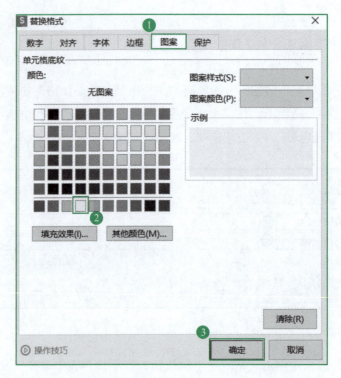

图 3-25 设置底纹

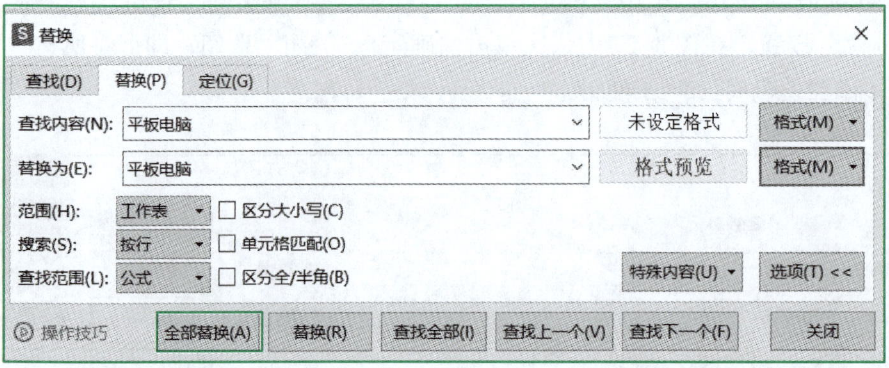

图 3-26 "替换"对话框

图 3-27 完成替换

序号	登记日期	客户	产品,型号	单价	数量	折扣	总价	要求收货日期	目前进度	联系人	手机号码
1	2023/10/8	客户A	笔记本电脑,Pro 14 IAH5R	¥4,580.00	80	0.88	¥322,432.00	2023/10/22	已签收	汪小颖	135××××7502
2	2023/10/9	客户B	笔记本电脑,TZ611-V3	¥5,000.00	50	0.88	¥220,000.00	2023/10/23	已签收	汪小颖	135××××7502
4	2023/10/9	客户C	平板电脑,V30	¥1,200.00	60	0.95	¥68,400.00	2023/10/23	已签收	胡杰	134××××2110
5	2023/10/12	客户D	平板电脑,ELN-W09	¥980.00	120	0.95	¥111,720.00	2023/10/26	已签收	郝仁义	189××××5030
6	2023/10/20	客户A	平板电脑,HEY2-W09	¥1,390.00	80	0.95	¥105,640.00	2023/11/3	已签收	汪小颖	135××××7502
7	2023/10/21	客户E	屏幕防窥膜,通用14寸	¥50.00	200	0.8	¥8,000.00	2023/11/4	已签收	杨曦	138××××8520
8	2023/10/21	客户B	无线键鼠套装,FG1010	¥88.00	500	0.8	¥35,200.00	2023/11/8	已签收	汪小颖	135××××7502
10	2023/10/25	客户A	笔记本电脑,Pro 14 IAH5R	¥4,580.00	200	0.88	¥806,080.00	2023/11/8	已签收	汪小颖	135××××7502
11	2023/10/25	客户A	平板电脑,HEY2-W09	¥1,390.00	100	0.95	¥132,050.00	2023/11/8	已签收	汪小颖	135××××7502
13	2023/11/2	客户D	无线键鼠套装,KN301	¥49.00	400	0.8	¥15,680.00	2023/11/16	运送中	郝仁义	189××××5030
14	2023/11/13	客户F	笔记本散热器,18英寸以内通用	¥55.00	300	0.85	¥14,025.00	2023/11/27	运送中	郝仁义	189××××5030
15	2023/11/14	客户A	电源适配器,LX 65W方口	¥96.00	300	0.8	¥23,040.00	2023/11/28	运送中	汪小颖	135××××7502
16	2023/11/15	客户F	笔记本防盗锁,NL-1	¥25.00	200	0.8	¥4,000.00	2023/12/1	运送中	郝仁义	189××××5030
18	2023/12/1	客户B	笔记本电脑,Pro 14 IAH5R	¥4,580.00	100	0.88	¥403,040.00	2023/12/15	运送中	汪小颖	135××××7502
19	2023/12/5	客户G	笔记本电脑,TZ611-V3	¥5,000.00	180	0.88	¥792,000.00	2023/12/19	已配货	杨曦	138××××8520
20	2023/12/7	客户H	平板电脑,V30	¥1,200.00	220	0.95	¥250,800.00	2023/12/22	已配货	杨曦	138××××8520
21	2023/12/10	客户B	屏幕防窥膜,通用14寸	¥50.00	400	0.8	¥16,000.00	2023/12/24	已配货	郝仁义	189××××5030
22	2023/12/15	客户E	无线键鼠套装,FG1010	¥88.00	360	0.8	¥25,344.00	2023/12/29	已配货	杨曦	138××××8520
23	2023/12/16	客户A	笔记本电脑,Pro 14 IAH5R	¥4,580.00	250	0.88	¥1,007,600.00	2023/12/30	已配货	胡杰	134××××2110
24	2023/12/20	客户J	平板电脑,HEY2-W09	¥1,390.00	180	0.95	¥237,690.00	2024/1/3	已配货	胡杰	134××××2110
25	2023/12/21	客户C	无线键鼠套装,KN301	¥49.00	300	0.8	¥11,760.00	2024/1/4	已配货	胡杰	134××××2110
26	2023/12/25	客户K	笔记本散热器,18英寸以内通用	¥55.00	200	0.85	¥9,350.00	2024/1/6	已配货	唐思思	138××××9520
27	2024/1/2	客户L	无线键鼠套装,KN301	¥49.00	250	0.8	¥9,800.00	2024/1/16	已配货	唐思思	138××××9520
28	2024/1/5	客户A	笔记本散热器,18英寸以内通用	¥55.00	180	0.85	¥8,415.00	2024/1/19	已接单	汪小颖	135××××7502

图 3-28　替换结果

自主探究

在"替换"选项卡中，单击"全部替换"和"替换"按钮有什么区别？单击"查找全部"和"查找上一个 / 下一个"按钮的作用是什么？

3.1.3　数据对比与分列

条理清晰、格式规范的数据表可以使用户更快地从中找出关键数据，得到准确的结果。因此，录入数据后对数据进行整理是必不可少的。例如，可以将重复录入的数据找出并进行删除，减少数据冗余；可以将一个包含多个数据内容的单元格划分为多个单独的列，以便更好地查看和统计数据。

微课 3-3
数据对比与
分列

打开"订单情况跟进表 -3.xlsx"工作簿，标记重复数据，将无效的重复数据删除，把"产品,型号"列分成单独的两列，使数据表更加规范和清晰，具体要求如下：

1）找出"订单情况跟进表 -3.xlsx"工作簿中重复录入的数据，标记成浅绿色底纹。

2）将完全重复的数据删除。

3）将"产品,型号"列拆分成"产品"和"型号"单独两列。

➤ **知识技能点**

- 标记重复数据
- 删除重复项
- 分列

➤ **任务实施**

1）找出重复录入的数据，标记成浅绿色底纹。

① 打开"订单情况跟进表-3.xlsx"工作簿，单击"数据"→"数据对比"下拉按钮，在下拉列表中选择"标记重复数据"选项，如图 3-29 所示。

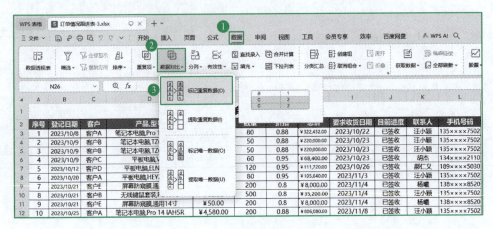

图 3-29 "标记重复数据"选项

② 在打开的"标记重复数据"对话框中，单击左侧"单区域"选项卡，单击"列表区域"右侧的按钮并框选 A2：L30 单元格区域，在"对比方式"下方的列表框中取消勾选"序号（A 列）"复选框，其他复选框保持选中状态，在"标记颜色"下拉列表中选择"浅绿"，单击"确认标记"按钮，如图 3-30 所示，这时所有重复录入的数据已被标记成浅绿色底纹，效果如图 3-31 所示。

2）将完全重复的数据删除。

① 选中 A2：L30 单元格区域，单击"数据"→"重复项"下拉按钮，在下拉列表中选择"删除重复项"选项，如图 3-32 所示。

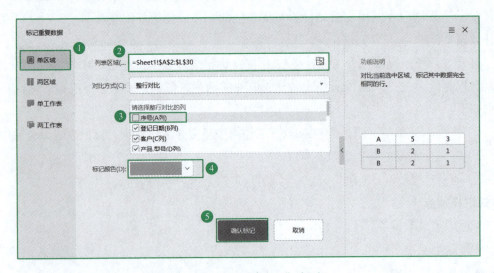

图 3-30 "标记重复数据"对话框

序号	登记日期	客户	产品,型号	单价	数量	折扣	总价	要求收货日期	目前进度	联系人	手机号码
							订单情况跟进表				
1	2023/10/8	客户A	笔记本电脑,Pro 14 IAH5R	￥4,580.00	80	0.88	￥322,432.00	2023/10/22	已签收	汪小颖	135×××7502
2	2023/10/9	客户B	笔记本电脑,TZ611-V3	￥5,000.00	50	0.88	￥220,000.00	2023/10/23	已签收	汪小颖	135×××7502
3	2023/10/9	客户B	笔记本电脑,TZ611-V3	￥5,000.00	50	0.88	￥220,000.00	2023/10/23	已签收	汪小颖	135×××7502
4	2023/10/9	客户C	平板电脑,V30	￥1,200.00	60	0.95	￥68,400.00	2023/10/23	已签收	胡杰	134×××2110
5	2023/10/12	客户D	平板电脑,ELN-W09	￥980.00	120	0.95	￥111,720.00	2023/10/26	已签收	郝仁义	189×××5030
6	2023/10/20	客户A	平板电脑,HEY2-W09	￥1,390.00	80	0.95	￥105,640.00	2023/11/3	已签收	汪小颖	135×××7502
7	2023/10/21	客户E	屏幕防窥膜,通用14寸	￥50.00	200	0.8	￥8,000.00	2023/11/4	已签收	杨曦	138×××8520
8	2023/10/21	客户B	无线键鼠套装,FG1010	￥88.00	500	0.8	￥35,200.00	2023/11/4	已签收	汪小颖	135×××7502
9	2023/10/21	客户E	屏幕防窥膜,通用14寸	￥50.00	200	0.8	￥8,000.00	2023/11/4	已签收	杨曦	138×××8520
10	2023/10/25	客户A	笔记本电脑,Pro 14 IAH5R	￥4,580.00	200	0.88	￥806,080.00	2023/11/8	已签收	汪小颖	135×××7502
11	2023/10/25	客户A	平板电脑,HEY2-W09	￥1,390.00	100	0.95	￥132,050.00	2023/11/8	已签收	汪小颖	135×××7502
12	2023/10/25	客户A	笔记本电脑,Pro 14 IAH5R	￥4,580.00	200	0.88	￥806,080.00	2023/11/8	已签收	汪小颖	135×××7502
13	2023/11/2	客户D	无线键鼠套装,KN301	￥49.00	400	0.8	￥15,680.00	2023/11/16	运送中	郝仁义	189×××5030
14	2023/11/13	客户F	笔记本散热器,18英寸以内通用	￥55.00	300	0.85	￥14,025.00	2023/11/27	运送中	郝仁义	189×××5030
15	2023/11/14	客户B	电源适配器,LX 65W方口	￥96.00	300	0.8	￥23,040.00	2023/11/28	运送中	汪小颖	135×××7502
16	2023/11/15	客户F	笔记本防盗锁,NL-1	￥25.00	200	0.8	￥4,000.00	2023/11/29	运送中	郝仁义	189×××5030
17	2023/11/15	客户F	笔记本防盗锁,NL-1	￥25.00	200	0.8	￥4,000.00	2023/11/29	运送中	郝仁义	189×××5030
18	2023/12/1	客户B	笔记本电脑,Pro 14 IAH5R	￥4,580.00	100	0.88	￥403,040.00	2023/12/15	已配货	汪小颖	135×××7502
19	2023/12/5	客户G	笔记本电脑,TZ611-V3	￥5,000.00	180	0.88	￥792,000.00	2023/12/19	已配货	杨曦	138×××8520
20	2023/12/8	客户H	平板电脑,V30	￥1,200.00	220	0.95	￥250,800.00	2023/12/22	已配货	杨曦	138×××8520
21	2023/12/10	客户D	屏幕防窥膜,通用14寸	￥50.00	400	0.8	￥16,000.00	2023/12/24	已配货	郝仁义	189×××5030
22	2023/12/15	客户E	无线键鼠套装,FG1010	￥88.00	360	0.8	￥25,344.00	2023/12/29	已配货	杨曦	138×××8520
23	2023/12/16	客户I	笔记本电脑,Pro 14 IAH5R	￥4,580.00	250	0.88	￥1,007,600.00	2023/12/30	已配货	胡杰	134×××2110
24	2023/12/20	客户J	平板电脑,HEY2-W09	￥1,390.00	180	0.95	￥237,690.00	2024/1/3	已配货	胡杰	134×××2110
25	2023/12/21	客户C	无线键鼠套装,KN301	￥49.00	300	0.8	￥11,760.00	2024/1/4	已配货	胡杰	134×××2110
26	2023/12/25	客户K	笔记本散热器,18英寸以内通用	￥55.00	200	0.85	￥9,350.00	2024/1/8	已配货	唐思思	138×××9520
27	2024/1/2	客户L	无线键鼠套装,KN301	￥49.00	250	0.8	￥9,800.00	2024/1/16	已配货	唐思思	138×××9520
28	2024/1/5	客户A	笔记本散热器,18英寸以内通用	￥55.00	180	0.85	￥8,415.00	2024/1/19	已接单	汪小颖	135×××7502

图 3-31　标记重复项的效果

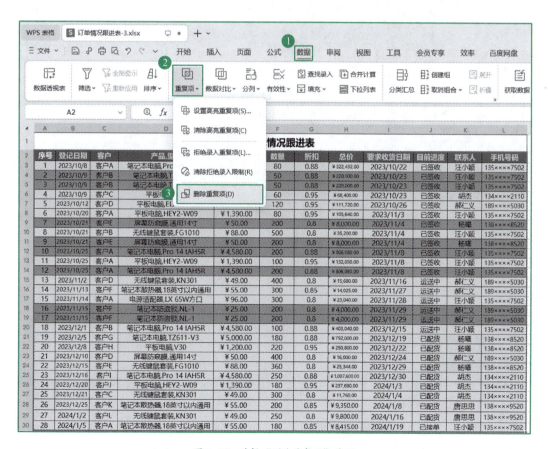

图 3-32　选择"删除重复项"选项

② 在打开的"删除重复项"对话框中，取消勾选"序号"复选框，其他复选框保持选中状态，单击"删除重复项"按钮，如图 3-33 所示，删除重复项效果如图 3-34 所示。

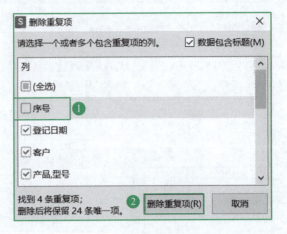

图 3-33　"删除重复项"对话框

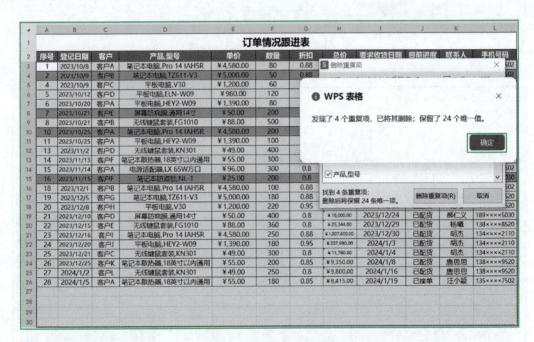

图 3-34　删除重复项的结果

数 据 对 比

"数据对比"是对一个或两个区域（包括）多列中的数据进行对比，不仅可以标记数据中重复或唯一的数据，还可以将重复或唯一的数据提取到新工作表中。

3）将"产品,型号"列拆分成"产品"和"型号"单独两列。

① 选中 E 列并右击，在弹出的快捷菜单中选择"在左侧插入列：1"命令，如图 3-35 所示。

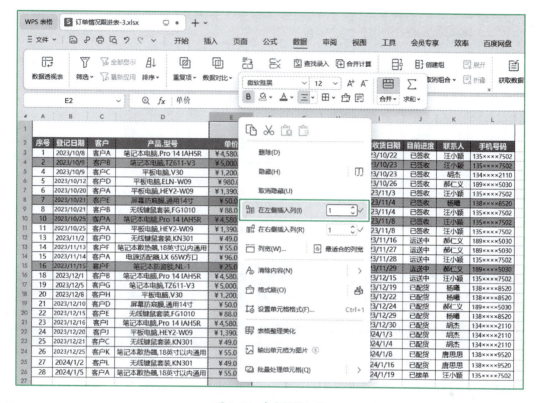

图 3-35　在左侧插入列

② 选中 D2: D26 单元格区域，单击"数据"→"分列"下拉按钮，在下拉列表中选择"分列"选项，如图 3-36 所示。

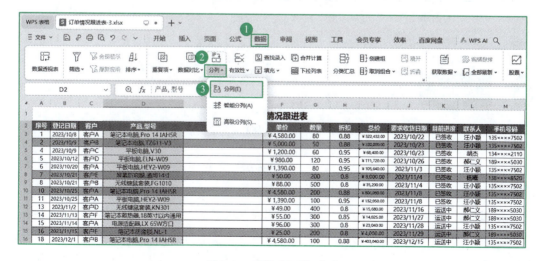

图 3-36　选择"分列"选项

③ 在打开的"文本分列向导"对话框中，选中"分隔符号"单选按钮，单击"下一步"按钮，勾选"逗号"复选框，再单击"下一步"按钮，预览数据分列效果，确认无误后单击"完成"按钮，如图 3-37 所示，分列效果如图 3-38 所示。

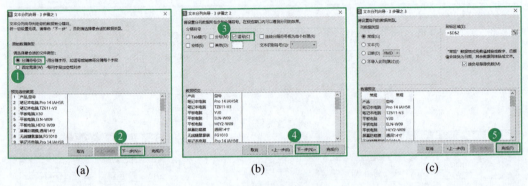

(a)	(b)	(c)

图 3-37　"文本分列向导"对话框

#	A	B	C	D	E	F	G	H	I	J	K	L	M
1						订单情况跟进表							
2	序号	登记日期	客户	产品	型号	单价	数量	折扣	总价	要求收货日期	目前进度	联系人	手机号码
3	1	2023/10/8	客户A	笔记本电脑	Pro 14 iAH5R	¥4,580.00	80	0.88	¥322,432.00	2023/10/22	已签收	汪小颖	135×××7502
4	2	2023/10/9	客户B	笔记本电脑	TZ611-V3	¥5,000.00	50	0.88	¥231,000.00	2023/10/23	已签收	汪小颖	135×××7502
5	4	2023/10/9	客户C	平板电脑	V30	¥1,200.00	60	0.95	¥68,400.00	2023/10/23	已签收	胡杰	134×××2110
6	5	2023/10/12	客户D	平板电脑	ELN-W09	¥980.00	120	0.95	¥111,720.00	2023/10/26	已签收	郝仁义	189×××5030
7	6	2023/10/20	客户A	平板电脑	HEY2-W09	¥1,390.00	80	0.95	¥105,640.00	2023/11/3	已签收	汪小颖	135×××7502
8	7	2023/10/21	客户E	屏幕防窥膜	通用14寸	¥50.00	200	0.8	¥8,000.00	2023/11/4	已签收	杨曦	138×××8520
9	8	2023/10/21	客户B	无线键鼠套装	FG1010	¥88.00	500	0.8	¥35,200.00	2023/11/4	已签收	汪小颖	135×××7502
10	10	2023/10/25	客户A	笔记本电脑	HEY2-W09	¥4,580.00	200	0.88	¥806,080.00	2023/11/8	已签收	汪小颖	135×××7502
11	11	2023/10/25	客户A	平板电脑	HEY2-W09	¥1,390.00	100	0.95	¥132,050.00	2023/11/8	已签收	汪小颖	135×××7502
12	13	2023/11/2	客户D	无线键鼠套装	KN301	¥49.00	400	0.8	¥15,680.00	2023/11/16	运送中	郝仁义	189×××5030
13	14	2023/11/13	客户F	笔记本散热器	18英寸以内通用	¥55.00	300	0.85	¥14,025.00	2023/11/27	运送中	胡杰	134×××2110
14	15	2023/11/14	客户F	电源适配器	LX 65W方口	¥96.00	300	0.8	¥23,040.00	2023/11/28	运送中	汪小颖	135×××7502
15	16	2023/11/15	客户F	笔记本防盗锁	NL-1	¥25.00	200	0.8	¥4,000.00	2023/11/29	运送中	汪小颖	135×××7502
16	18	2023/12/1	客户A	笔记本电脑	Pro 14 iAH5R	¥4,580.00	100	0.88	¥403,040.00	2023/12/15	运送中	汪小颖	135×××7502
17	19	2023/12/5	客户G	笔记本电脑	TZ611-V3	¥5,000.00	180	0.88	¥792,000.00	2023/12/19	已配货	杨曦	138×××8520
18	20	2023/12/8	客户H	平板电脑	V30	¥1,200.00	220	0.95	¥250,800.00	2023/12/22	已配货	杨曦	138×××8520
19	21	2023/12/10	客户D	屏幕防窥膜	通用14寸	¥50.00	400	0.8	¥16,000.00	2023/12/24	已配货	郝仁义	189×××5030
20	22	2023/12/15	客户E	无线键鼠套装	FG1010	¥88.00	360	0.8	¥25,344.00	2023/12/29	已配货	杨曦	138×××8520
21	23	2023/12/16	客户A	笔记本电脑	Pro 14 iAH5R	¥4,580.00	250	0.88	¥1,007,600.00	2023/12/30	已配货	胡杰	134×××2110
22	24	2023/12/20	客户J	平板电脑	HEY2-W09	¥1,390.00	180	0.95	¥237,690.00	2024/1/3	已配货	胡杰	134×××2110
23	25	2023/12/21	客户B	无线键鼠套装	KN301	¥49.00	300	0.8	¥11,760.00	2024/1/4	已配货	胡杰	134×××2110
24	26	2023/12/25	客户K	笔记本散热器	18英寸以内通用	¥55.00	200	0.85	¥9,350.00	2024/1/8	已配货	唐思思	135×××9520
25	27	2024/1/2	客户L	无线键鼠套装	KN301	¥49.00	250	0.8	¥9,800.00	2024/1/16	已接单	唐思思	135×××9520
26	28	2024/1/5	客户A	笔记本散热器	18英寸以内通用	¥55.00	180	0.85	¥8,415.00	2024/1/19	已接单	汪小颖	135×××7502

图 3-38　分列效果

知识窗

分　　列

"分列"能够快速地对同一列的多个数据按照一定规则进行有效拆分，即一列数据拆分成多列数据。

分列可以按分隔符进行分列，分隔符可以是 Tab 键、分号、逗号、空格、横杠或字符等，也可以按固定的宽度进行分列。在数据分列之前，首先要学会观察表格中数据分列位置是否都是固定的，如果比较规律，分列宽度都相同，可采用固定宽度分列，否则就要观察数据分列处有没有共同的符号作为分列符号。

分列后可以选择将数据转换成常规、日期、文本等格式。

职场透视

在制作表格时，设置数据有效性可以限制单元格中输入的内容，如数据的数值范围、文本内容、文本长度等。设置了数据有效性的单元格区域，还可以为误录入、误修改数据的员工提供出错警告，减少错误的发生，这有利于公司内部数据的准确性和规范性，从而保障公司利益。

在含有大量数据的表格中，用户可通过查找和替换、数据对比、重复项、分列等功能快速、准确地进行数据清洗和整理，不仅可以减少数据冗余，还可以使数据表格更加规范、美观、更具条理性，大大提高工作效率，便于公司业务的开展。

职业技能要求

职业技能要求见表 3-1。

表 3-1　本任务对应 WPS 办公应用职业技能等级认证要求（中级）

工作任务	职业技能要求
数据处理	① 能够使用数据分列功能快速整理数据； ② 掌握设置、清除高亮重复项和删除重复项的操作方法； ③ 能够利用数据有效性功能提高数据录入的准确性

任务测试

一、单项选择题

1. 在 WPS 电子表格中，可以使用（　　　）功能高亮显示重复数据。

　　A. 查找　　　　　　B. 数据对比　　　　　C. 高亮重复项　　　D. 有效性

2. 在 WPS 电子表格中，可以使用（　　）选项卡中的"查找"命令来快速查找自己所需要的数据。

　　A. 数据　　　　　　B. 视图　　　　　　　C. 公式　　　　　　D. 开始

3. 在 WPS 电子表格中，可以设置"出错警告"的功能是（　　　）。

　　A. 数据有效性　　　B. 数据对比　　　　　C. 锁定单元格　　　D. 筛选

二、多项选择题

1. 在 WPS 表格中使用数据分列功能时，下列说法正确的是（　　　）。

　　A. 数据分列可以基于指定的分隔符将一列数据拆分为多列

　　B. 数据分列只能用于将连续的单元格内容按照固定宽度分割

　　C. 使用数据分列功能可以合并多列数据成为一个新列

　　D. 数据分列可用于将含有逗号、空格或制表符的数据进行拆分

2. 关于 WPS 表格中的重复项功能，下列说法正确的是（　　　）。

    A. "删除重复项"功能可以自动检测并移除选定区域内完全相同的记录

    B. "高亮显示重复项"可以让表格中重复的数据以特定颜色突出显示

    C. 设置"拒绝重复录入"可以在数据输入阶段阻止相同数据的再次录入

    D. 在查找重复项时，可以根据某一列或多列来判断是否为重复记录

3. 在 WPS 表格中使用数据有效性功能，以下应用场景可行的是（　　　）。

    A. 限制单元格输入的数据必须在预设列表范围内

    B. 利用公式设置数据有效性，确保同一列数据的唯一性

    C. 使用数据有效性功能设置单元格只能输入整数且大于 0

    D. 设置数据有效性的错误警告，当用户尝试输入无效数据时给出提示信息

三、实操题

操作要求：

1）打开"菜系与菜品"工作表，按照图片给出的信息，使用数据有效性中的序列或者下拉列表，将正确的信息录入。

2）打开"八大经济区域"工作表，按照图中给出的信息，使用数据有效性完成 B2：B31 区域信息的录入。

3）打开"房地产销售额"工作表资料，完成如下操作：

① 复制 B 列数据到 F 列。

② 删除 F 列重复项。

🔍 任务验收

任务验收评价表见表 3-2，可对本节任务的学习情况进行评价。

表 3-2　任务验收评价表

任务评价指标				
序号	内容	自评	互评	教师评价
1	能够利用数据有效性功能限制输入数据的数值范围、文本内容、文本长度			
2	能够查找与替换数据、函数			
3	能够使用通配符进行模糊查找			
4	能够利用查找与替换功能替换单元格格式			
5	能够查找并标记重复（或唯一）的数据			
6	能够快速删除表中的重复数据			
7	能够使用数据分列功能快速整理数据			

任务 3.2　计算安全生产知识考核成绩表

任务情境

计算成绩表

PPT

对员工加强安全教育培训，提高其安全意识和自我防护能力，是生产经营单位一项十分重要的任务，故安全生产知识考核是企业日常行政管理中需要经常进行的一项工作。小滨所在的生产部近日开展了一次主题为"学新法，强意识，促安全"的安全生产知识培训和考核，以进一步营造"学法、懂法、守法"的良好氛围，从而增强企业员工的安全责任意识。

此次培训采取线上学习和线下实践相结合的方式，考核内容包括 4 部分，分别为安全生产法、安全常识、防护和急救知识、安防技能实操，每部分内容满分为 100 分，每位员工各部分内容必须都达到 60 分才算合格，考核不合格的需要补考。对于平均分达到 80 分及以上的员工评为优秀，并给予相应的奖励。为了激励员工互帮互助、相互促进，营造你追我赶的热烈学习氛围，此次活动以小组为单位，最终将按小组总分高低评出两个优胜小组，给予表彰和奖励。

3.2.1　使用日期函数计算工龄

DATEIF 函数用于计算两个日期之间的天数、月数或年数。TODAY 函数可返回系统当前日期。利用 TODAY 函数和 DATEIF 函数可以计算员工的工龄。

打开"安全生产知识考核成绩表 .xlsx"工作簿，表中记录了每位员工的入职时间，根据入职时间计算每位员工的工龄。

微课 3-4
使用日期函数
计算工龄

➤ **知识技能点**

- DATEIF 函数
- TODAY 函数

➤ **任务实施**

1）选中 D3 单元格，单击"插入函数"按钮，如图 3-39 所示，打开"插入函数"对话框，在"或选择类别"下拉列表中选择"日期与时间"选项，在"选择函数"列表框中选择 DATEDIF 函数（也可直接在"查找函数"文本框中输入 DATEDIF），单击"确定"按钮，如图 3-40 所示。

2）在"函数参数"对话框中，单击"开始日期"文本框右侧的按钮，再单击 C3 单元格；在"终止日期"文本框中输入"TODAY()"，在"比较单位"文本框中输入""Y""，单击"确定"按钮，如图 3-41 所示。

3）拖动填充柄到 D26 单元格，即可得出每位员工的工龄，如图 3-42 所示。

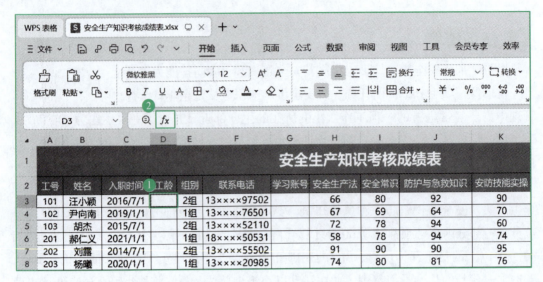

图 3-39　插入函数

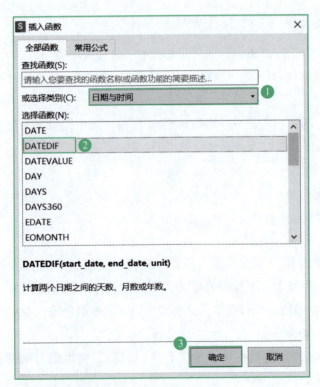

图 3-40　插入 DATEDIF 函数

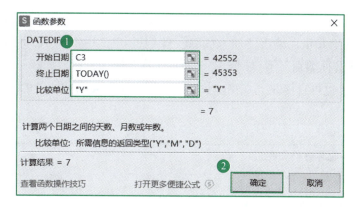

图 3-41　设置 DATEDIF 函数参数

工号	姓名	入职时间	工龄	组别	联系电话	学习账号	安全生产法	安全常识	防护与急救知识	安防技能实操	总分	平均分	是否优秀	是否补考
101	汪小颖	2016/7/1	7	2组	13××××97502		66	80	92	90				
102	尹向南	2019/1/1	5	1组	13××××76501		67	69	64	70				
103	胡杰	2015/7/1	8	2组	13××××52110		72	78	94	60				
201	郝仁义	2021/1/1	3	1组	18××××50531		58	78	94	74				
202	刘露	2014/7/1	9	2组	13××××55502		91	90	90	95				
203	杨曦	2020/1/1	4	1组	13××××20985		74	80	81	76				
204	刘思玉	2005/7/1	18	4组	13××××67502		66	69	77	75				
301	柳新	2013/1/1	11	3组	13××××96301		78	90	81	98				
302	陈俊	2012/7/1	11	3组	13××××07502		67	70	66	65				
303	胡媛媛	2010/7/1	13	3组	18××××05231		66	67	50	30				
401	赵东亮	2015/1/1	9	2组	18××××06037		77	63	60	88				
402	艾佳佳	2009/7/1	14	3组	13××××78906		67	58	66	20				
403	王其	2011/7/1	12	3组	18××××54720		66	85	77	75				
404	朱小西	2013/1/1	11	2组	13××××96503		89	93	85	98				
405	曹美云	2015/1/1	9	2组	13××××21120		67	70	66	65				
406	江雨薇	2015/7/1	8	2组	13××××96340		66	54	56	53				
501	郝韵	2020/7/1	3	1组	18××××05030		85	63	60	88				
502	林晓彤	2019/1/1	4	1组	13××××98520		67	85	66	60				
503	曾霞	2022/1/1	2	1组	13××××52121		88	70	92	90				
504	邱月清	2005/7/1	18	4组	13××××52118		67	69	64	70				
505	陈嘉明	2006/7/1	17	4组	13××××52310		62	78	94	50				
506	孔雪	2005/1/1	19	4组	13××××68221		89	78	94	74				
507	唐思思	2005/7/1	18	4组	13××××69520		89	68	90	95				
508	李晟	2006/7/1	17	4组	13××××54123		64	62	81	69				

图 3-42　DATEDIF 函数计算结果

3.2.2　使用文本函数提取字符串

LEFT 函数、RIGHT 函数、MID 函数、LEN 函数都是常用的文本函数。使用 LEFT 函数可以从文本左侧起提取指定个数的字符，使用 RIGHT 函数可以从文本右侧起提取指定个数的字符，而使用 MID 函数则可以从文本指定位置起提取指定个数的字符。LEN 函数用于返回文本字符串中的字符个数。

微课 3-5
使用文本函数
提取字符串

在"安全生产知识考核成绩表 .xlsx"工作簿中，需要提取每位员工的手机号码末尾 5 位数字作为学习账号，可用 RIGHT 函数实现。

➤ 知识技能点

● RIGHT 函数

> **任务实施**

1）选中 G3 单元格，单击"插入函数"按钮，如图 3-43 所示，打开"插入函数"对话框，在"或选择类别"下拉列表中选择"文本"选项，在"选择函数"列表框中选择 RIGHT 函数（也可直接在"查找函数"文本框中输入 RIGHT），单击"确定"按钮，如图 3-44 所示。

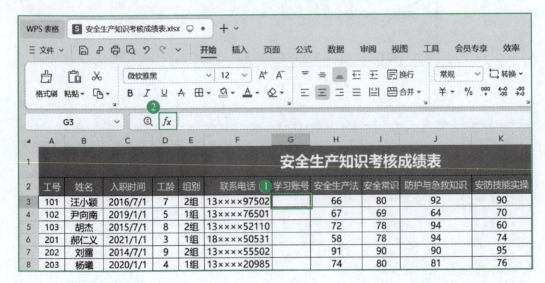

图 3-43　插入函数

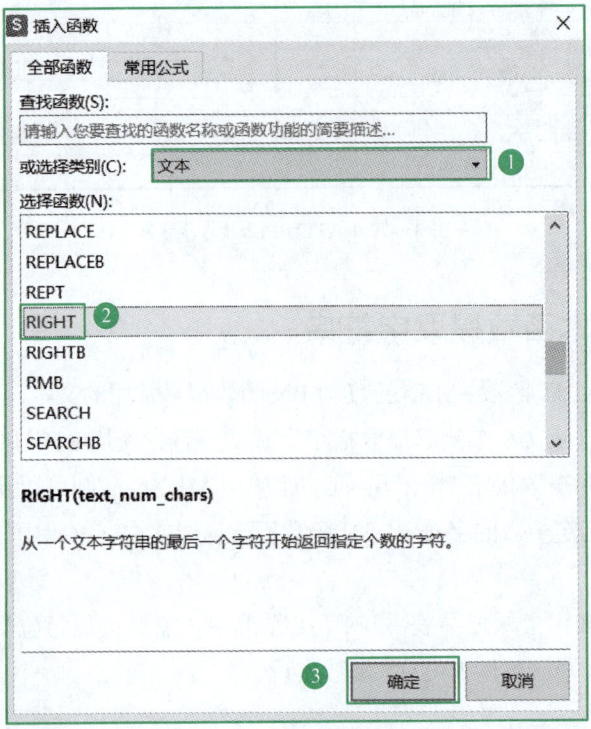

图 3-44　插入 RIGHT 函数

2）在"函数参数"对话框中，单击"字符串"文本框右侧的按钮，再单击 F3 单元格，在"字符个数"文本框中输入"5"，单击"确定"按钮，如图 3-45 所示。

3）拖动填充柄到 G26 单元格，即可得出每位员工的学习账号，如图 3-46 所示。

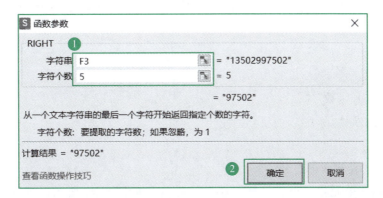

图 3-45　设置 RIGHT 函数参数

工号	姓名	入职时间	工龄	组别	联系电话	学习账号	安全生产法	安全常识	防护与急救知识	安防技能实操	总分	平均分	是否优秀	是否补考
101	汪小颖	2016/7/1	7	2组	13×××97502	97502	66	80	92	90				
102	尹向南	2019/1/1	5	1组	13×××76501	76501	67	69	64	70				
103	胡杰	2015/7/1	8	2组	13×××52110	52110	72	78	94	60				
201	郝仁义	2021/1/1	3	1组	18×××50531	50531	58	78	94	74				
202	刘露	2014/7/1	9	1组	13×××55502	55502	91	90	90	95				
203	杨曦	2020/1/1	4	1组	13×××20985	20985	74	80	81	76				
204	刘思玉	2005/7/1	18	4组	13×××67502	67502	66	69	77	75				
301	柳新	2013/1/1	11	3组	13×××96301	96301	78	90	81	98				
302	陈俊	2012/7/1	11	3组	13×××07502	07502	67	70	66	65				
303	胡媛媛	2010/7/1	13	3组	18×××05231	05231	66	67	50	30				
401	赵东亮	2015/1/1	9	2组	13×××06037	06037	77	63	60	88				
402	艾佳佳	2009/7/1	14	3组	13×××78906	78906	67	58	66	20				
403	王其	2011/7/1	12	3组	18×××54720	54720	66	85	77	75				
404	朱小西	2013/1/1	11	3组	13×××96503	96503	89	93	85	98				
405	曹美云	2015/1/1	9	2组	13×××21120	21120	67	70	66	65				
406	江雨薇	2015/1/1	8	2组	13×××96340	96340	66	54	56	53				
501	郝韵	2020/1/1	3	1组	18×××05030	05030	85	63	60	88				
502	林晓彤	2019/1/1	4	1组	13×××98520	98520	67	85	66	60				
503	曾竟	2022/1/1	2	1组	13×××52121	52121	88	70	92	90				
504	邱月清	2005/7/1	18	4组	13×××52118	52118	67	69	64	70				
505	陈嘉明	2006/1/1	17	4组	13×××52310	52310	62	78	94	50				
506	孔霞	2005/1/1	19	4组	13×××68221	68221	89	78	94	74				
507	唐思思	2005/7/1	18	4组	13×××69520	69520	89	68	90	95				
508	李晟	2006/7/1	17	4组	13×××54123	54123	64	62	81	69				

图 3-46　RIGHT 函数的计算结果

自主探究

使用 MID 函数也能实现同样的效果吗？

微课 3-6
使用求和、求平均函数计算总分、平均分

3.2.3　使用求和、求平均函数计算总分、平均分

利用求和函数 SUM、求平均值函数 AVERAGE 可以实现成绩总分计

算和平均分计算。利用 ROUND 函数可以对数字按指定位数四舍五入，INT 函数可以将数字向下舍入到最接近的整数。

打开"安全生产知识考核成绩表.xlsx"工作簿，该表中记录了员工考核成绩中各部分的成绩，现在要计算出每位员工的总分和平均分，并对平均分四舍五入，保留一位小数。

➤ **知识技能点**

- SUM 函数
- AVERAGE 函数
- ROUND 函数

➤ **任务实施**

（1）计算每位员工的总分

1）选中 L3 单元格，单击"插入函数"按钮，如图 3-47 所示，打开"插入函数"对话框，在"查找函数"文本框中输入 SUM（也可在"选择函数"列表框中选择 SUM 函数），单击"确定"按钮，如图 3-48 所示。

2）在"函数参数"对话框中，单击"数值1"文本框右侧的按钮，再选中 H3: K3 单元格区域，单击"确定"按钮，如图 3-49 所示。

3）拖动填充柄到 L26 单元格，即可得出每位员工的考核总分，如图 3-50 所示。

（2）计算每位员工的平均分

1）选中 M3 单元格，如图 3-51 所示，输入函数"=ROUND（AVERAGE（H3: K3），1）"，按 Enter 键确认，如图 3-52 所示。

2）拖动填充柄到 M26 单元格，即可得出每位员工的平均分，如图 3-53 所示。

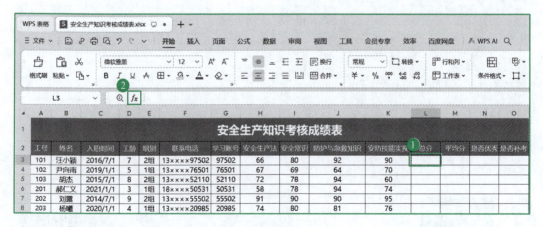

图 3-47　插入函数

图 3-48   查找 SUM 函数

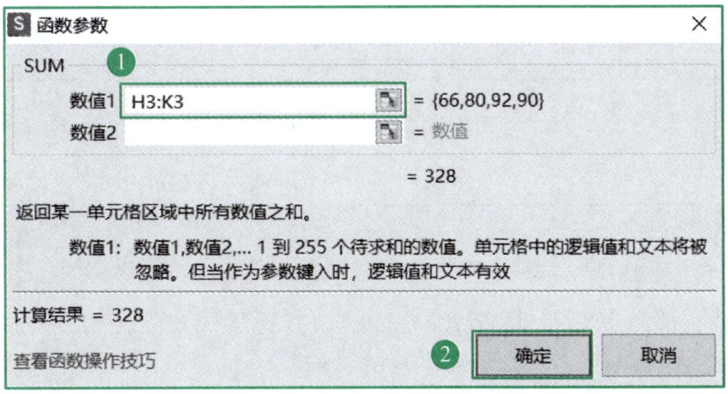

图 3-49   设置 SUM 函数参数

工号	姓名	入职时间	工龄	组别	联系电话	学习账号	安全生产法	安全常识	防护与急救知识	安防技能实操	总分	平均分	是否优秀	是否补考
101	汪小颖	2016/7/1	7	2组	13×××97502	97502	66	80	92	90	328			
102	尹向南	2019/1/1	5	1组	13×××76501	76501	67	69	64	70	270			
103	胡杰	2015/7/1	8	2组	13×××52110	52110	72	78	94	60	304			
201	郝仁义	2021/1/1	3	1组	18×××50531	50531	58	78	94	74	304			
202	刘露	2014/7/1	9	2组	13×××55502	55502	91	90	90	95	366			
203	杨曦	2020/1/1	4	1组	13×××20985	20985	74	80	81	76	311			
204	刘思玉	2005/7/1	18	4组	13×××67502	67502	66	69	77	75	287			
301	柳新	2013/1/1	11	3组	13×××96301	96301	78	90	81	98	347			
302	陈俊	2012/7/1	11	3组	13×××07502	07502	67	70	66	65	268			
303	胡媛媛	2010/7/1	13	3组	18×××05231	05231	66	67	50	30	213			
401	赵东亮	2015/1/1	9	2组	18×××06037	06037	77	63	60	88	288			
402	艾佳佳	2009/7/1	14	3组	13×××78906	78906	67	58	66	20	211			
403	王其	2011/7/1	12	3组	18×××54720	54720	66	85	77	75	303			
404	朱小西	2013/1/1	11	3组	13×××96503	96503	89	93	85	98	365			
405	曹美云	2015/1/1	9	3组	13×××21120	21120	67	70	66	65	268			
406	江雨薇	2015/7/1	8	2组	13×××96340	96340	66	54	56	53	229			
501	郝韵	2020/7/1	3	1组	18×××05030	05030	85	63	60	88	296			
502	林晓彤	2019/1/1	4	1组	13×××98520	98520	67	85	66	60	278			
503	曾霞	2022/1/1	2	1组	13×××52121	52121	88	70	92	90	340			
504	邱月清	2005/7/1	18	4组	13×××52118	52118	67	69	64	70	270			
505	陈嘉明	2006/7/1	17	4组	13×××52310	52310	62	78	94	50	284			
506	孔岚	2005/1/1	19	4组	13×××68221	68221	89	78	94	74	335			
507	唐思思	2005/7/1	18	4组	13×××69520	69520	89	68	90	95	342			
508	李晨	2006/7/1	17	4组	13×××54123	54123	64	62	81	69	276			

图 3-50　SUM 函数的计算结果

工号	姓名	入职时间	工龄	组别	联系电话	学习账号	安全生产法	安全常识	防护与急救知识	安防技能实操	总分	平均分	是否优秀	是否补考
101	汪小颖	2016/7/1	7	2组	13×××97502	97502	66	80	92	90	328			
102	尹向南	2019/1/1	5	1组	13×××76501	76501	67	69	64	70	270			
103	胡杰	2015/7/1	8	2组	13×××52110	52110	72	78	94	60	304			
201	郝仁义	2021/1/1	3	1组	18×××50531	50531	58	78	94	74	304			
202	刘露	2014/7/1	9	2组	13×××55502	55502	91	90	90	95	366			
203	杨曦	2020/1/1	4	1组	13×××20985	20985	74	80	81	76	311			

图 3-51　选中目标单元格

=ROUND(AVERAGE(H3:K3),1)

工号	姓名	入职时间	工龄	组别	联系电话	学习账号	安全生产法	安全常识	防护与急救知识	安防技能实操	总分	平均分	是否优秀	是否补考
101	汪小颖	2016/7/1	7	2组	13×××97502	97502	66	80	92			=ROUND(AVERAGE(H3:K3),1)		
102	尹向南	2019/1/1	5	1组	13×××76501	76501	67	69	64	70		ROUND（数值，小数位数）		
103	胡杰	2015/7/1	8	2组	13×××52110	52110	72	78	94	60	304			
201	郝仁义	2021/1/1	3	1组	18×××50531	50531	58	78	94	74	304			
202	刘露	2014/7/1	9	2组	13×××55502	55502	91	90	90	95	366			
203	杨曦	2020/1/1	4	1组	13×××20985	20985	74	80	81	76	311			

图 3-52　输入函数

工号	姓名	入职时间	工龄	组别	联系电话	学习账号	安全生产法	安全常识	防护与急救知识	安防技能实操	总分	平均分	是否优秀	是否补考
								安全生产知识考核成绩表						
101	汪小颖	2016/7/1	7	2组	13×××97502	97502	66	80	92	90	328	82		
102	尹向南	2019/1/1	5	1组	13×××76501	76501	67	69	64	70	270	67.5		
103	胡杰	2015/7/1	8	2组	13×××52110	52110	72	78	94	60	304	76		
201	郝仁义	2021/1/1	3	1组	18×××50531	50531	58	78	94	74	304	76		
202	刘露	2014/7/1	9	1组	13×××55502	55502	91	90	90	95	366	91.5		
203	杨曦	2020/1/1	4	1组	13×××20985	20985	74	80	81	76	311	77.8		
204	刘思玉	2005/7/1	18	4组	13×××67502	67502	66	69	77	75	287	71.8		
301	柳新	2013/1/1	11	3组	13×××96301	96301	78	90	81	98	347	86.8		
302	陈俊	2012/7/1	11	3组	13×××07502	07502	67	70	66	65	268	67		
303	胡媛媛	2010/7/1	13	3组	18×××05231	05231	66	67	50	30	213	53.3		
401	赵东亮	2015/1/1	9	2组	18×××06037	06037	77	63	60	88	288	72		
402	艾佳佳	2009/7/1	14	3组	13×××78906	78906	67	58	66	20	211	52.8		
403	王其	2011/7/1	12	3组	18×××54720	54720	66	85	77	75	303	75.8		
404	朱小西	2013/1/1	11	3组	13×××96503	96503	89	93	85	98	365	91.3		
405	曹美云	2015/1/1	9	2组	13×××21120	21120	67	70	66	65	268	67		
406	江雨薇	2015/7/1	8	2组	13×××96340	96340	66	54	56	53	229	57.3		
501	郝韵	2020/1/1	3	1组	18×××05030	05030	85	63	60	88	296	74		
502	林晓彤	2019/1/1	4	1组	13×××98520	98520	67	85	66	60	278	69.5		
503	曾霞	2022/1/1	2	1组	13×××52121	52121	88	70	92	90	340	85		
504	邱月清	2005/7/1	18	4组	13×××52118	52118	67	69	64	70	270	67.5		
505	陈嘉明	2006/7/1	17	4组	13×××52310	52310	62	78	94	50	284	71		
506	孔雪	2005/1/1	19	4组	13×××68221	68221	89	78	94	74	335	83.8		
507	唐思思	2005/1/1	18	4组	13×××69520	69520	89	68	90	95	342	85.5		
508	李晟	2006/7/1	17	4组	13×××54123	54123	64	62	81	69	276	69		

图 3-53　ROUND 和 AVERAGE 函数嵌套的计算结果

 知识窗

函 数 嵌 套

函数嵌套就是将某函数的计算结果作为另一函数的参数使用。

例如，ROUND（AVERAGE（H3: K3），1）就是函数嵌套，将 AVERAGE 函数的计算结果作为 ROUND 函数的其中一个参数，即将每位员工的平均分按指定位数进行四舍五入。

3.2.4　使用逻辑函数实现条件判断

常用的逻辑函数有 IF、AND、OR、NOT 等。

IF 函数用于判断一个条件是否满足，如果满足就返回一个值，如果不满足就返回另一个值。

AND 函数用于判断多个条件是否同时成立，如果所有条件成立，则返回 TRUE；如果其中任意一个条件不成立，则返回 FALSE。

OR 函数用于判断多个条件中是否至少有一个条件成立，如果其中任意一个条件成立，则返回 TRUE；如果所有条件都不成立，则返回 FALSE。

NOT 函数用于对逻辑值求反，如果逻辑值为 FALSE，则返回 TRUE；如果逻辑值为 TRUE，则返回 FALSE。

微课 3-7
使用逻辑函数
实现条件判断

在"安全生产知识考核成绩表 .xlsx"工作簿中，根据每位员工的各部分内容的得分和平均分，判断该员工考核是否优秀、是否需要补考，具体要求如下：

1）平均分大于或等于 80 分，则为优秀。

2）在 4 部分考核内容中，只要有一项低于 60 分，就需要补考。

➤ **知识技能点**

- IF 函数
- AND 函数

➤ **任务实施**

（1）判断该员工考核是否优秀

1）选中 N3 单元格，单击"插入函数"按钮，如图 3-54 所示，打开"插入函数"对话框，在"或选择类别"下拉列表中选择"逻辑"选项，在"选择函数"列表框中选择 IF 函数（也可直接在"查找函数"文本框中输入 IF），单击"确定"按钮，如图 3-55 所示。

2）在"函数参数"对话框中，在"测试条件"文本框中输入"M3>=80"，在"真值"文本框中输入""是""，在"假值"文本框中输入""否""，如图 3-56 所示。

3）拖动填充柄到 N26 单元格，即可得出每位员工是否考核优秀，如图 3-57 所示。

（2）判断该员工是否需要补考

1）选中 O3 单元格，如图 3-58 所示，输入函数"=IF (AND (H3>=60, I3>=60, J3>=60,K3>=60), ""," 补考 ")"，按 Enter 键确认，如图 3-59 所示。

2）拖动填充柄到 O26 单元格，即可得出每位员工是否需要补考，效果如图 3-60 所示。

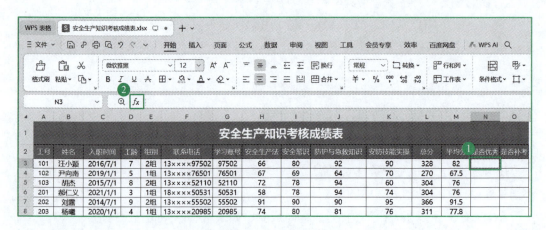

图 3-54　插入函数

图 3-55　插入 IF 函数

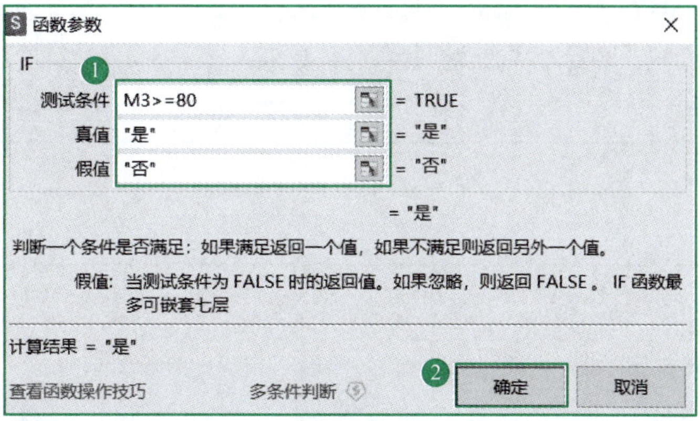

图 3-56　设置 IF 函数参数

工号	姓名	入职时间	工龄	组别	联系电话	学习账号	安全生产法	安全常识	防护与急救知识	安防技能实操	总分	平均分	是否优秀	是否补考
101	汪小颖	2016/7/1	7	2组	13×××97502	97502	66	80	92	90	328	82	是	
102	尹向南	2019/1/1	5	1组	13×××76501	76501	67	69	64	70	270	67.5	否	
103	胡杰	2015/7/1	8	2组	13×××52110	52110	72	78	94	60	304	76	否	
201	郝仁义	2021/1/1	3	1组	18×××50531	50531	58	78	94	74	304	76	否	
202	刘露	2014/7/1	9	2组	13×××55502	55502	91	90	90	95	366	91.5	是	
203	杨曦	2020/1/1	4	1组	13×××20985	20985	74	80	81	76	311	77.8	否	
204	刘思玉	2005/7/1	18	4组	13×××67502	67502	66	69	77	75	287	71.8	否	
301	柳新	2013/1/1	11	3组	13×××96301	96301	78	90	81	98	347	86.8	是	
302	陈俊	2012/7/1	11	3组	13×××07502	07502	67	70	66	65	268	67	否	
303	胡媛媛	2010/7/1	13	3组	18×××05231	05231	66	67	50	30	213	53.3	否	
401	赵东亮	2015/1/1	9	2组	18×××06037	06037	77	63	60	88	288	72	否	
402	艾佳佳	2009/7/1	14	3组	13×××78906	78906	67	58	66	20	211	52.8	否	
403	王其	2011/7/1	12	3组	18×××54720	54720	66	85	77	75	303	75.8	否	
404	朱小西	2013/1/1	11	3组	13×××96503	96503	89	93	85	98	365	91.3	是	
405	曹美云	2015/1/1	9	2组	13×××21120	21120	67	70	66	65	268	67	否	
406	江雨薇	2015/7/1	8	2组	13×××96340	96340	66	54	56	53	229	57.3	否	
501	郝韵	2020/7/1	3	1组	18×××05030	05030	85	63	60	88	296	74	否	
502	林晓彤	2019/7/1	4	1组	18×××98520	98520	67	85	66	60	278	69.5	否	
503	曾霞	2022/1/1	2	1组	13×××52121	52121	88	70	92	90	340	85	是	
504	邱月清	2005/1/1	18	4组	13×××52118	52118	67	69	64	70	270	67.5	否	
505	陈嘉明	2006/1/1	17	4组	13×××52310	52310	62	78	94	50	284	71	否	
506	孔雪	2005/1/1	19	4组	13×××68221	68221	89	78	94	74	335	83.8	是	
507	唐思思	2005/1/1	18	4组	13×××69520	69520	89	68	90	95	342	85.5	是	
508	李晟	2006/1/1	17	4组	13×××54123	54123	64	62	81	69	276	69	否	

图 3-57　IF 函数的计算结果

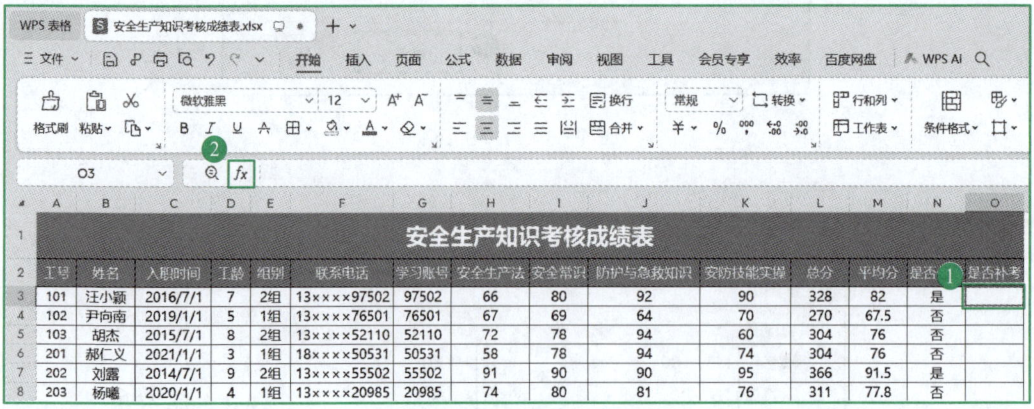

图 3-58　选中目标单元格

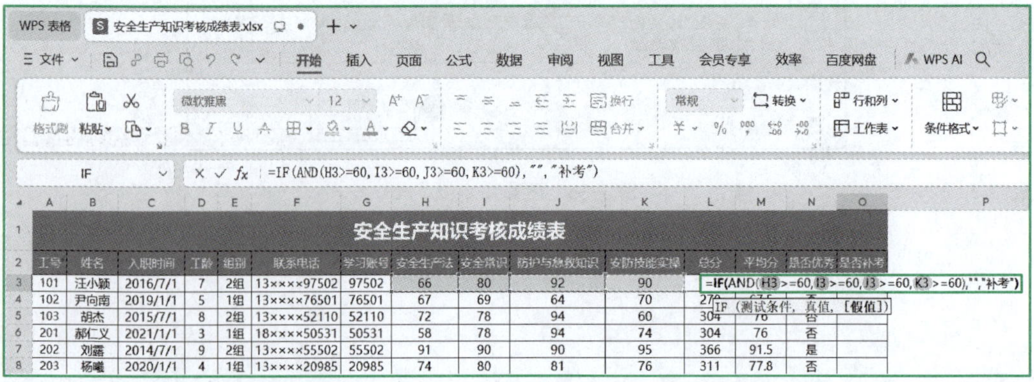

图 3-59　输入函数

	A	B	C	D	E	F	G	H	I	J	K	L	M	N	O
1							安全生产知识考核成绩表								
2	工号	姓名	入职时间	工龄	组别	联系电话	学习账号	安全生产法	安全常识	防护与救知识	安防技能实操	总分	平均分	是否优秀	是否补考
3	101	汪小颖	2016/7/1	7	2组	13×××97502	97502	66	80	92	90	328	82	是	
4	102	尹向南	2019/1/1	5	1组	13×××76501	76501	67	69	64	70	270	67.5	否	
5	103	胡杰	2015/7/1	8	2组	13×××52110	52110	72	78	94	60	304	76	否	
6	201	郝仁义	2021/1/1	3	1组	18×××50531	50531	58	78	94	74	304	76	否	补考
7	202	刘露	2014/7/1	9	2组	13×××55502	55502	91	90	90	95	366	91.5	是	
8	203	杨曦	2020/1/1	4	1组	13×××20985	20985	74	80	81	76	311	77.8	否	
9	204	刘思玉	2005/7/1	18	4组	13×××67502	67502	66	69	77	75	287	71.8	否	
10	301	柳新	2013/1/1	11	3组	13×××96301	96301	78	90	81	98	347	86.8	是	
11	302	陈俊	2012/7/1	11	3组	13×××07502	07502	67	70	66	65	268	67	否	
12	303	胡媛媛	2010/7/1	13	3组	18×××05231	05231	66	67	50	30	213	53.3	否	补考
13	401	赵东亮	2015/1/1	9	2组	18×××06037	06037	77	63	60	88	288	72	否	
14	402	艾佳佳	2009/7/1	14	3组	13×××78906	78906	67	58	66	20	211	52.8	否	补考
15	403	王其	2011/7/1	12	3组	18×××54720	54720	66	85	77	75	303	75.8	否	
16	404	朱小西	2013/1/1	11	3组	18×××96503	96503	89	93	85	98	365	91.3	是	
17	405	曹美云	2015/1/1	9	2组	13×××21120	21120	67	70	66	65	268	67	否	
18	406	江南薇	2015/7/1	8	2组	13×××96340	96340	66	54	56	53	229	57.3	否	补考
19	501	郝韵	2020/7/1	3	1组	18×××05030	05030	85	63	60	88	296	74	否	
20	502	林骁彤	2019/7/1	4	1组	13×××98520	98520	67	85	66	60	278	69.5	否	
21	503	曾霞	2022/1/1	2	1组	13×××52121	52121	88	70	92	90	340	85	否	
22	504	邱月清	2005/7/1	18	4组	13×××52118	52118	67	69	64	70	270	67.5	否	
23	505	陈嘉明	2006/7/1	17	4组	13×××52310	52310	62	78	94	50	284	71	否	补考
24	506	孔雪	2005/1/1	19	4组	13×××68221	68221	89	78	94	74	335	83.8	是	
25	507	唐思思	2005/7/1	18	4组	13×××69520	69520	89	68	90	95	342	85.5	是	
26	508	李晟	2006/7/1	17	4组	13×××54123	54123	64	62	81	69	276	69	否	
27															
28															

图 3-60 IF 和 AND 嵌套函数的计算结果

自主探究

在 IF 函数中，如果测试条件为 TRUE，而真值为空（即不输入任何字符），返回什么结果？若真值为 ""，返回什么结果？

3.2.5 其他常用函数

COUNTIF 函数用于统计区域中符合指定条件的单元格个数。SUMIF 函数用于对区域中符合指定条件的单元格求和。RANK 函数用于计算指定的数据在一组数据中的排名。

微课 3-8
其他常用函数

在"安全生产知识考核成绩表 .xlsx"工作簿中，需要先统计优秀员工的人数，再根据每位员工的组别和总分，统计各个小组的总分，并进行排名。

➤ **知识技能点**

- COUNTIF 函数
- SUMIF 函数
- RANK 函数
- 单元格地址的混合引用

➤ **任务实施**

（1）统计考核优秀的人数

1）选中 Q4 单元格，单击"插入函数"按钮，如图 3-61 所示，打开"插入函数"对话框，在"查找函数"中输入 COUNTIF（或者在"选择函数"列表框中选择 COUNTIF 函数），单击"确定"按钮，如图 3-62 所示。

图 3-61　插入函数

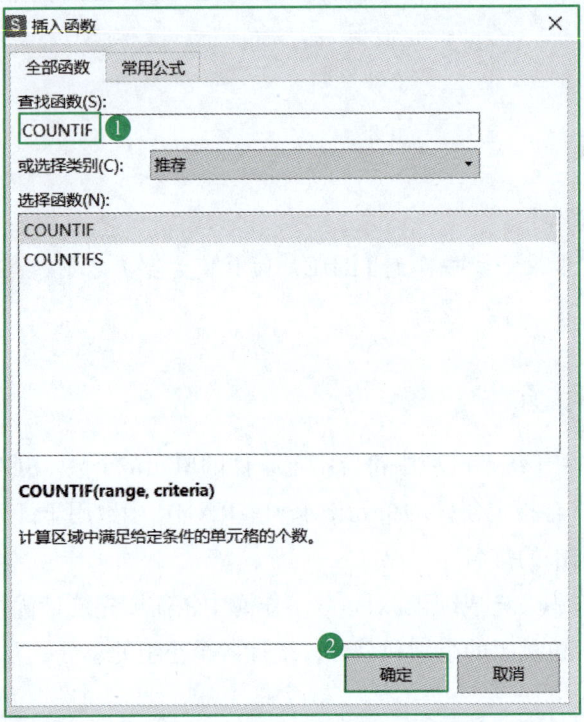

图 3-62　查找 COUNTIF 函数

2）在"函数参数"对话框中，单击"区域"文本框的右侧按钮，选中 N3: N26 单元格区域，在"条件"文本框中输入""是""，单击"确定"按钮，如图 3-63 所示，即可得到考核优秀的人数，如图 3-64 所示。

（2）统计各个小组的总分

1）选中 R8 单元格，单击"插入函数"按钮，如图 3-65 所示，打开"插入函数"对话框，在"查找函数"文本框中输入 SUMIF（或者在"选择函数"列表框中选择 SUMIF 函数），单击"确定"按钮，如图 3-66 所示。

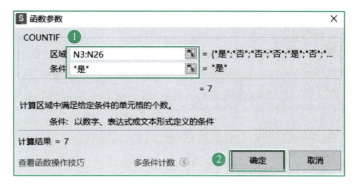

图 3-63　COUNTIF 函数参数设置

图 3-64　COUNTIF 函数计算结果

图 3-65　插入函数

图 3-66　查找 SUMIF 函数

2）在"函数参数"对话框中，单击"区域"文本框右侧的按钮，选中 E3: E26 单元格区域，此时该文本框中出现 E3: E26，在数字 3 和 26 前面输入"$"；单击"条件"文本框右侧的按钮，选中 Q8 单元格；再单击"求和区域"文本框右侧的按钮，选中 L3: L26 单元格区域，此时该文本框中出现 L3: L26，同样，在数字 3 和 26 前面输入"$"，单击"确定"按钮，如图 3-67 所示。

3）拖动填充柄到 R11 单元格，即可得出每个小组的总分，如图 3-68 所示。

图 3-67　SUMIF 函数参数设置

组别	总分	名次
1组	1799	
2组	1783	
3组	1707	
4组	1794	

图 3-68　每个小组的总分

（3）根据各个小组的总分计算排名

1）选中 S8 单元格，单击"插入函数"按钮，如图 3-69 所示，打开"插入函数"对话框，在"查找函数"文本框中输入 RANK（或者在"选择函数"列表框中选择 RANK 函数），单击"确定"按钮，如图 3-70 所示。

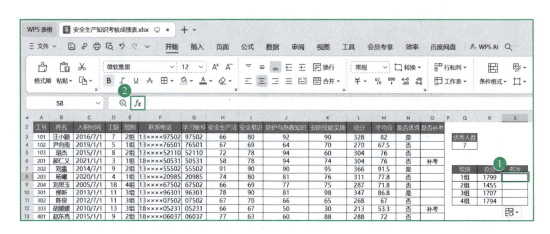

图 3-69　插入函数

2）在"函数参数"对话框中，单击"数值"文本框右侧的按钮，选中 R8 单元格；再单击"引用"文本框右侧的按钮，选中 R8：R11 单元格区域，此时该文本框中出现 R8：R11，在数字 8 和 11 前面输入"$"；"排位方式"文本框可留空，单击"确定"按钮，如图 3-71 所示。

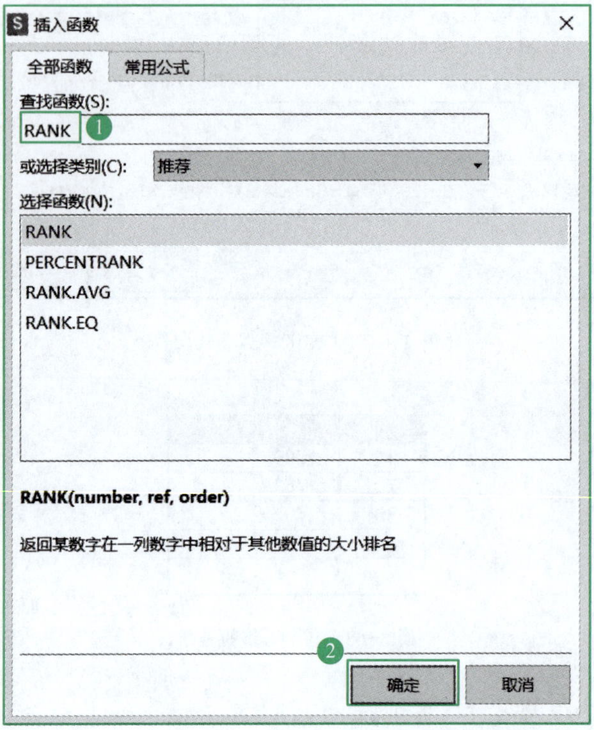

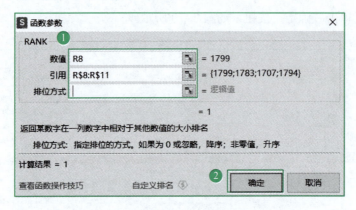

图 3-70　查找 RANK 函数

图 3-71　设置 RANK 函数参数

3）拖动填充柄到 S11 单元格，即可得出每个小组的总分排名，如图 3-72 所示。

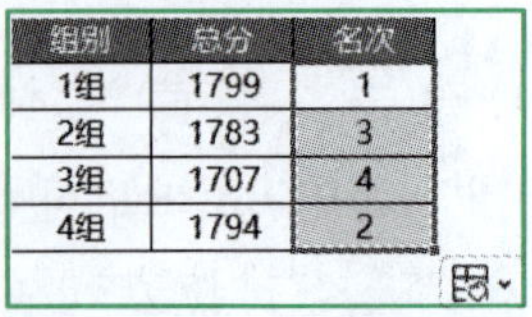

组别	总分	名次
1组	1799	1
2组	1783	3
3组	1707	4
4组	1794	2

图 3-72　RANK 函数计算结果

知识窗

单元格地址的 3 种引用方式

单元格地址的引用方式包含：相对引用、绝对引用和混合引用。

1. 相对引用

相对引用是指公式或函数中引用单元格以它的列标行号为它的引用名，如 A1、B2 等。在相对引用中，如果公式或函数所在的单元格位置改变，单元格引用也会随之相对改变。如果多行或多列复制或填充公式或函数，单元格引用会自动调整。

2. 绝对引用

绝对引用是指公式或函数中引用的单元格在列标、行号前都增加一个符号"$"。例如，A1 是单元格的相对引用，而 A1 则是单元格的绝对引用。在绝对引用中，如果公式或函数所在的单元格位置改变，绝对引用的单元格将保持不变。

3. 混合引用

混合引用是指函数中引用的单元格同时有绝对列和相对行（或相对列和绝对行）。例如，$A1 就是绝对列、相对行，当如果公式或函数所在的单元格位置改变时，该混合引用的单元格列不变行变；而 A$1 就是相对列、绝对行，当如果公式或函数所在的单元格位置改变时，该混合引用的单元格列变行不变。

职场透视

WPS 表格具有强大的数据处理能力，它内置了一系列功能强大的函数工具库，涵盖了数学运算、统计分析、逻辑判断、文本处理以及日期与时间等多种类型，让用户能够在面对大规模、多维度、结构复杂的数据集时游刃有余。无论是在日常报表制作、项目管理、市场分析、财务管理，还是在科研统计、教学评估等领域，都可以极大地提高用户的工作效率，减少重复劳动，确保数据处理的准确性，使复杂的问题简单化、繁杂的数据清晰化。这不仅彰显了 WPS 表格在办公领域的专业实力，也充分体现了我国自主研发软件的技术创新和服务优势，对于推进全社会的数字化转型和提升工作效率具有深远意义。

职业技能要求

职业技能要求见表 3-3。

表 3-3　本任务对应 WPS 办公应用职业技能等级认证要求（中级）

工作任务	职业技能要求
函数设置	① 了解单元格地址引用中的混合引用； ② 掌握常用逻辑函数的使用方法，如 IF、AND、OR、NOT； ③ 掌握常用文本函数的使用方法，如 LEFT、MID、RIGHT、LEN； ④ 掌握 SUMIF、COUNTIF、ROUND、INT、RANK、DATEDIF 函数的使用方法

任务测试

一、单项选择题

1. 在 WPS 表格中，单元格 A1：A150 中存放了 150 名考生的姓名，单元格 B1：B150 中存放了考生所在的班级，单元格 C1：C150 中存放了考生的成绩，在单元格 D1 中输入"1 班"，班级是"1 班"的考生的总成绩，可以用下列（　　）公式计算。

    A. =SUMIF (A1：A150, D1, B1：B150)

    B. =SUMIF (D1, B1：B150, C1：C150)

    C. =SUMIF (B1：B150, D1, C1：C150)

    D. =SUMIF (C1：C150, D1, A1：A150)

2. 在 WPS 表格中，复制公式时，为了（　　），必须使用绝对引用。

    A. 公式随着引用单元格的位置变化而变化

    B. 保持公式引用单元格绝对位置不变

    C. 公式随着引用单元格的位置列变行不变

    D. 公式随着引用单元格的位置行变列不变

3. 在 WPS 表格中，在 A1 单元格输入身份证号，现在需要提取身份证后 6 位作为银行卡密码，可以使用（　　）公式完成操作。

    A. =LEFT (A1, 6)　　　　　　　　　B. =RIGHT (A1, 6)

    C. =MID (A1, 6)　　　　　　　　　D. =ROUND (A1, 6)

4. 在 WPS 表格中，已知 A1=36，则公式"=IF (A1>35, " 及格 ", " 不及格 ")"结果为（　　）。

    A. 公式有误　　　　　　　　　　　B. 不及格

    C. 及格　　　　　　　　　　　　　D. ####

5. 在 WPS 表格中，在 D2 单元格输入"=ROUND (A2, –1)"保留的小数位数是（　　）。

    A. 保留 1 位小数　　　　　　　　　B. 取整数

    C. 保留到 10 位数　　　　　　　　D. 保留 2 位小数

二、多项选择题

1. 在 WPS 表格中，关于 COUNTIF 函数，下列说法正确的是（　　）。

A. 第一个参数是计数区域　　　　　　　B. 第一个参数是计数条件

C. 第二个参数是计数条件　　　　　　　D. 第二个参数是计数区域

2. 关于 WPS 表格中的逻辑函数，下列说法正确的是（　　）。

A. IF 函数用于根据给定条件返回两个可能结果中的一个

B. AND 函数仅当所有条件都满足时才返回 TRUE，否则返回 FALSE

C. OR 函数只要有一个条件满足就返回 TRUE；当所有条件都不满足时，则返回 FALSE

D. NOT 函数用于对逻辑值进行取反操作，TRUE 变 FALSE，FALSE 变 TRUE

三、实操题

操作要求：

1）打开"房地产销售额 .xlsx"工作簿，完成如下操作。

① 复制 B 列数据到 F 列。

② 删除 F 列重复项。

③ 对 F 列进行"升序"排序。

④ 计算销售员"商品房现房销售额累计值（元）"。

⑤ 计算销售员"商品房期房销售额累计值（元）"。

⑥ 计算销售员"总销售额"。

⑦ 确定销售等级，"总销售额 >40 000 000"为"黄金之星""总销售额 >28 000 000"为"白银之星"，其余为"普通之星"。

2）打开"幸福商场化妆品专柜销售情况 .xlsx"工作簿，完成如下操作。

① 用公式或函数算出"小计"列的值（小计 = 数量 × 单价）。

② 计算"2024 年 1 月份总销售额"，填充在 E38 单元格。

③ 根据"幸福商场化妆品专柜销售清单"统计每种化妆品的"销售总数量"，填充在 B3：B20 单元格区域。

④ 计算每种化妆品的销售总额，填充在 D3: D20 单元格区域。

⑤ 计算"销售总额排名"，按高到低排名，填充在 E3: E20 单元格区域。

🔍 任务验收

任务验收评价表见表 3-4，可对本节任务的学习情况进行评价。

表 3-4　任务验收评价表

任务评价指标				
序号	内容	自评	互评	教师评价
1	能够使用 DATEDIF 函数计算两个日期之间的天数、月数或年数			
2	能够使用 TODAY 函数返回当前日期			

续表

任务评价指标				
序号	内容	自评	互评	教师评价
3	能够使用 LEFT、RIGHT、MID 函数提取指定个数的字符			
4	能够使用 LEN 函数计算文本字符串中的字符个数			
5	能够使用 SUM、AVERAGE 函数计算总值和平均值			
6	能够使用 ROUND 函数对数字按指定位数四舍五入			
7	能够使用 INT 函数对数字取整			
8	能够使用 IF、AND、OR、NOT 函数进行条件判断			
9	能够使用 COUNTIF 函数统计区域中符合指定条件的单元格个数			
10	能够使用 SUMIF 函数对区域中符合指定条件的单元格求和			
11	能够使用 RANK 函数计算指定的数据在一组数据中的排名			
12	能够对单元格地址进行混合引用			

任务 3.3 简单分析销售情况表

 简单分析销售情况表

 PPT

 🔍 **任务情境**

在党的二十大报告中，乡村振兴战略被赋予了新的历史使命。某贸易有限公司积极响应国家号召，决定打造一个集农产品及农副产品销售、品牌推广、信息服务于一体的综合型电商平台，成为连接农民与消费者的"桥梁"，推动农产品及农副产品上行，助力农民增加收入，促进乡村经济发展。该电商平台首月试运行以来，销售情况良好，销售部主管让小欣对首月的销售情况做简单分析，以便了解各种上架产品的销售情况，评估市场趋势，调整销售策略。

3.3.1 数据排序

微课 3-9
数据排序

在 WPS 表格中对数据进行排序是指按照一定的规则对工作表中的数据进行排列，以进一步处理和分析这些数据。WPS 表格中提供了多种方法对数据列表进行排序，用户可以根据需要按行或列、按升序或降序进行排序，也可以使用自定义排序命令。

打开"产品销售情况表.xlsx"工作簿，对其中的数据进行排序，以便了解各种商品的销售情况，具体要求如下：

1）按"总销售额"降序排序。

2）按"类别"降序排序，同类别的商品按"退货次数"降序排序，"退货次数"相同的按"退货金额"降序排序。

3）按"加工果干、熟食腊味、时令果蔬、山珍干货"的顺序进行分类排序。

➤ **知识技能点**

- 简单排序
- 多关键字复杂排序
- 自定义序列排序

➤ **任务实施**

（1）按"总销售额"降序排序

选中"总销售额"列（F2:189）中的任意单元格，单击"开始"→"排序"下拉按钮，在下拉列表中选择"降序"选项，如图3-73所示，降序排序效果如图3-74所示。

案例素材
销售情况表

（2）依次按"类别""退货次数""退货金额"关键字排序

1）选中 A2：I18 单元格区域，单击"开始"→"排序"下拉按钮，在下拉列表中选择"自定义排序"选项，如图3-75所示。

2）在打开的"排序"对话框中，"主要关键字"选择"类别"，"排序依据"选择"数值"，"次序"选择"降序"；单击"添加条件"按钮，"次要关键字"选择"退货次数"，设置"排序依据"和"次序"，同样再添加"次要关键字"为"退货金额"，单击"确定"按钮，如图3-76所示，自定义排序效果如图3-77所示。

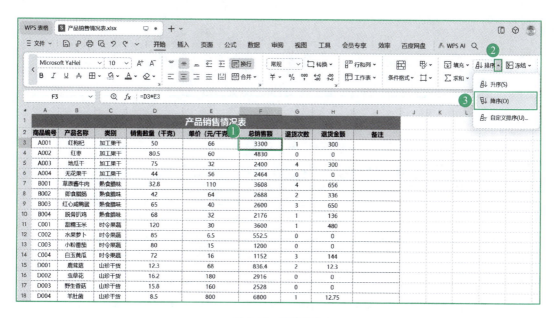

图 3-73　简单排序

商品编号	产品名称	类别	销售数量（千克）	单价（元/千克）	总销售额	退货次数	退货金额	备注
				产品销售情况表				
D004	羊肚菌	山珍干货	8.5	800	6800	1	12.75	
A002	红枣	加工果干	80.5	60	4830	0	0	
B001	草原酱牛肉	熟食腊味	32.8	110	3608	4	656	
C001	甜糯玉米	时令果蔬	120	30	3600	1	480	
A001	红枸杞	加工果干	50	66	3300	1	300	
D002	虫草花	山珍干货	16.2	180	2916	0	0	
B002	即食腊肠	熟食腊味	42	64	2688	2	336	
B003	红心咸鸭蛋	熟食腊味	65	40	2600	3	650	
D003	野生香菇	山珍干货	15.8	160	2528	0	0	
A004	无花果干	加工果干	44	56	2464	0	0	
A003	地瓜干	加工果干	75	32	2400	4	300	
B004	脱骨扒鸡	熟食腊味	68	32	2176	1	136	
C003	小粉番茄	时令果蔬	80	15	1200	0	0	
C004	白玉黄瓜	时令果蔬	72	16	1152	3	144	
D001	鹿茸菇	山珍干货	12.3	68	836.4	2	12.3	
C002	水果萝卜	时令果蔬	85	6.5	552.5	0	0	

图 3-74 降序排序效果

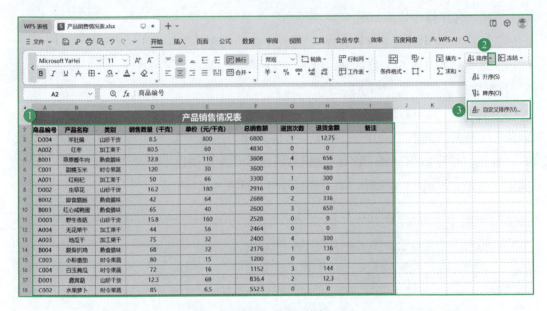

图 3-75 自定义排序

列	排序依据	次序
主要关键字	类别 ∨	数值 ∨	降序 ∨
次要关键字	退货次数 ∨	数值 ∨	降序 ∨
次要关键字	退货金额（万 ∨	数值 ∨	降序 ∨

图 3-76 "排序"对话框设置

商品编号	产品名称	类别	销售数量（千克）	单价（元/千克）	总销售额	退货次数	退货金额	备注
				产品销售情况表				
B001	草原酱牛肉	熟食腊味	32.8	110	3608	4	656	
B003	红心咸鸭蛋	熟食腊味	65	40	2600	3	650	
B002	即食腊肠	熟食腊味	42	64	2688	2	336	
B004	脱骨扒鸡	熟食腊味	68	32	2176	1	136	
C001	甜糯玉米	时令果蔬	120	30	3600	1	480	
C004	白玉黄瓜	时令果蔬	72	16	1152	3	144	
C003	小粉番茄	时令果蔬	80	15	1200	0	0	
C002	水果萝卜	时令果蔬	85	6.5	552.5	0	0	
D004	羊肚菌	山珍干货	8.5	800	6800	1	12.75	
D001	鹿茸菇	山珍干货	12.3	68	836.4	2	12.3	
D002	虫草花	山珍干货	16.2	180	2916	0	0	
D003	野生香菇	山珍干货	15.8	160	2528	0	0	
A003	地瓜干	加工果干	75	32	2400	4	300	
A001	红枸杞	加工果干	50	66	3300	1	300	
A002	红枣	加工果干	80.5	60	4830	0	0	
A004	无花果干	加工果干	44	56	2464	0	0	

图 3-77　自定义排序效果

（3）自定义序列排序

1）选中 A2: I18 单元格区域，单击"开始"→"排序"下拉按钮，在下拉列表中选择"自定义排序"选项，如图 3-78 所示。

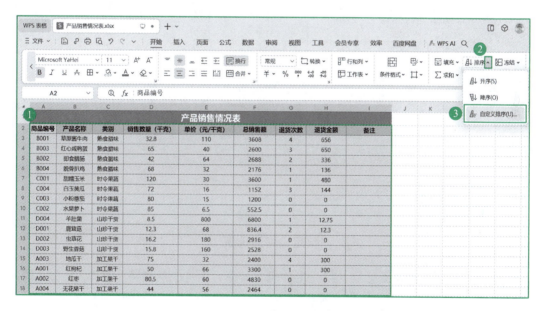

图 3-78　自定义排序

2）在打开的"排序"对话框中，"主要关键字"选择"类别"选项，"排序依据"选择"数值"选项，"次序"选择"自定义序列"选项；在打开的"自定义序列"对话框的"输入序列"文本框中输入"加工果干,熟食腊味,时令果蔬,山珍干货"，单击"添加"按钮，再连续单击"确定"按钮，如图 3-79 所示，自定义序列排序效果如图 3-80 所示。

图 3-79 自定义序列

A	B	C	D	E	F	G	H	I
				产品销售情况表				
商品编号	产品名称	类别	销售数量（千克）	单价（元/千克）	总销售额	退货次数	退货金额	备注
A003	地瓜干	加工果干	75	32	2400	4	300	
A001	红枸杞	加工果干	50	66	3300	1	300	
A002	红枣	加工果干	80.5	60	4830	0	0	
A004	无花果干	加工果干	44	56	2464	0	0	
B001	草原酱牛肉	熟食腊味	32.8	110	3608	4	656	
B003	红心咸鸭蛋	熟食腊味	65	40	2600	3	650	
B002	即食腊肠	熟食腊味	42	64	2688	2	336	
B004	脱骨扒鸡	熟食腊味	68	32	2176	1	136	
C001	甜糯玉米	时令果蔬	120	30	3600	1	480	
C004	白玉黄瓜	时令果蔬	72	16	1152	3	144	
C003	小粉番茄	时令果蔬	80	15	1200	0	0	
C002	水果萝卜	时令果蔬	85	6.5	552.5	0	0	
D004	羊肚菌	山珍干货	8.5	800	6800	1	12.75	
D001	鹿茸菇	山珍干货	12.3	68	836.4	2	12.3	
D002	虫草花	山珍干货	16.2	180	2916	0	0	
D003	野生香菇	山珍干货	15.8	160	2528	0	0	

图 3-80 自定义序列排序的效果

 知识窗

自定义序列排序

在工作中，有时需要将数据按一定的规律排序，而这个规律却不在 WPS 表格默认的规律中，此时可以使用自定义序列排序。

3.3.2 数据筛选

筛选是查找和处理数据的快捷方法。与排序不同，执行筛选操作时并不重排数据，只显示符合条件的数据，暂时隐藏不符合条件的数据。用户可以根据实际需要进行自动筛选或自定义筛选。

打开"产品销售情况表 .xlsx"工作簿，对其中的数据进行筛选，以便了解各种商品的销售情况，具体要求如下：

1）筛选出"时令果蔬"类产品。

2）筛选出"总销售额"超过 3 000 元的产品。

3）筛选出"总销售额"低于 1 000 元或超过 6 000 元的产品。

4）筛选出"退货次数"为 0，且"总销售额"超过 2 000 元的产品。

微课 3-10
数据筛选

➤ **知识技能点**

● 自动筛选

● 自定义筛选

➤ **任务实施**

（1）筛选出"时令果蔬"类产品

1）选中第 2 行（单击行号 2），单击"开始"→"筛选"按钮，如图 3-81 所示，数据表第 2 行出现下拉按钮。

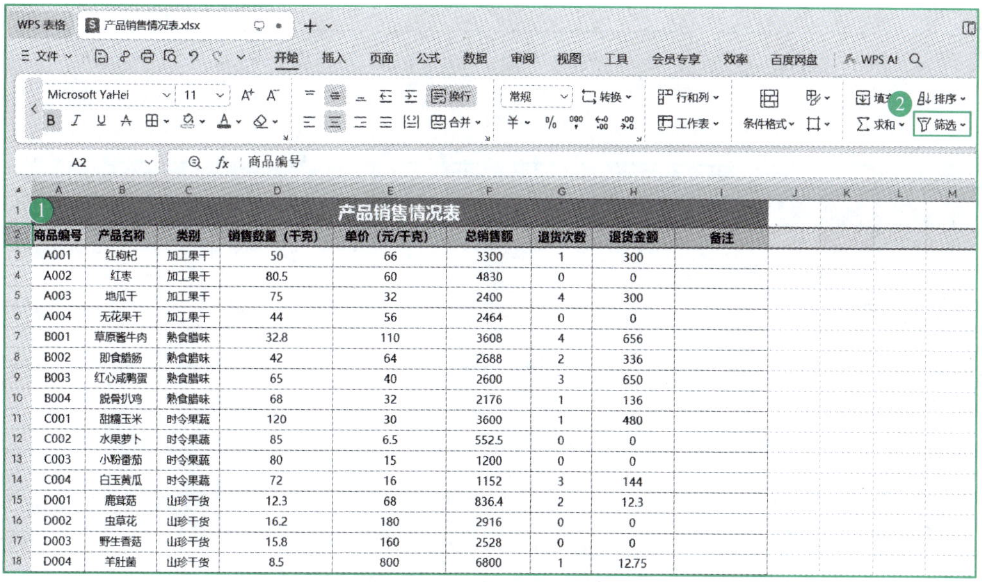

图 3-81　自动筛选

2）单击"类别"下拉按钮，在列表中单击"时令果蔬"右侧的"仅筛选项"按钮，如图 3-82 所示，结果如图 3-83 所示。如需保留筛选结果，可将筛选出的数据进行复制，并在新建的工作表中粘贴。

（2）筛选出"总销售额"超过 3 000 元的产品

1）在上一步的基础上，单击"开始"→"筛选"下三角按钮，在下拉列表中选择"全部显示"选项，如图 3-84 所示。

2）单击"总销售额"的下拉按钮，单击"数字筛选"按钮，在下拉列表中选择"大于"选项，如图 3-85 所示。

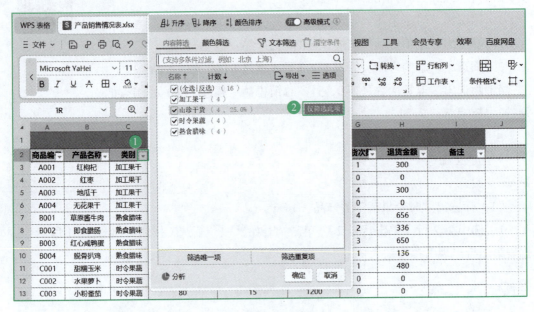

图 3-82　设置"自动筛选"

商品编号	产品名称	类别	销售数量（千克）	单价（元/千克）	总销售额	退货次数	退货金额	备注
产品销售情况表								
C001	甜糯玉米	时令果蔬	120	30	3600	1	480	
C002	水果萝卜	时令果蔬	85	6.5	552.5	0	0	
C003	小粉番茄	时令果蔬	80	15	1200	0	0	
C004	白玉黄瓜	时令果蔬	72	16	1152	3	144	

图 3-83　筛选结果

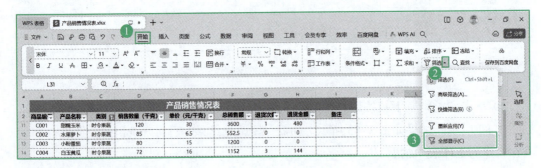

图 3-84　全部显示

图 3-85　数字筛选

3）在打开的"自定义自动筛选方式"对话框中，选择"大于"选项，在右侧文本框中输入 3 000，如图 3-86 所示，单击"确定"按钮，即可筛选出所需数据，结果如图 3-87 所示。

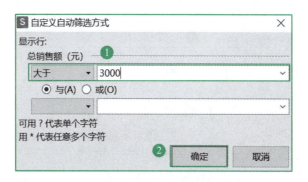

图 3-86　设置自定义自动筛选方式

	产品销售情况表							
商品编	产品名称	类别	销售数量（千克）	单价（元/千克）	总销售额	退货次数	退货金额	备注
A001	红枸杞	加工果干	50	66	3300	1	300	
A002	红枣	加工果干	80.5	60	4830	0	0	
B001	草原酱牛肉	熟食腊味	32.8	110	3608	4	656	
C001	甜糯玉米	时令果蔬	120	30	3600	1	480	
D004	羊肚菌	山珍干货	8.5	800	6800	1	12.75	

图 3-87　筛选结果

（3）筛选出"总销售额"低于 1 000 元或超过 6 000 元的产品

1）单击"总销售额"的下拉按钮，单击"数字筛选"按钮，在下拉列表中选择"自定义筛选"选项，如图 3-88 所示。

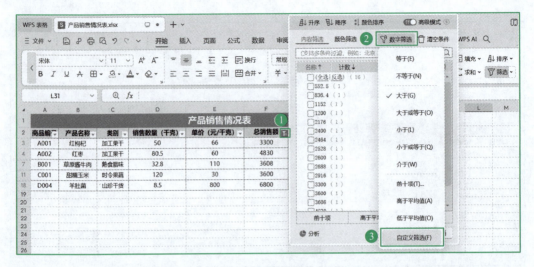

图 3-88 数字筛选

2）在打开的"自定义自动筛选方式"对话框中，选择"小于"选项，在右侧文本框中输入 1 000，选中"或"单选按钮，再选择"大于"选项，在右侧文本框中输入 6 000，如图 3-89 所示，单击"确定"按钮，即可筛选出所需数据，结果如图 3-90 所示。

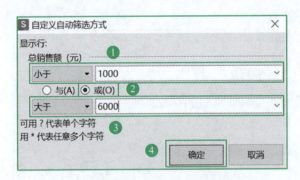

图 3-89 自定义自动筛选方式设置

产品销售情况表								
商品编	产品名称	类别	销售数量（千克）	单价（元/千克）	总销售额	退货次	退货金额	备注
C002	水果萝卜	时令果蔬	85	6.5	552.5	0	0	
D001	鹿茸菇	山珍干货	12.3	68	836.4	2	12.3	
D004	羊肚菌	山珍干货	8.5	800	6800	1	12.75	

图 3-90 筛选结果

（4）筛选出"退货次数"为 0，且"总销售额"超过 2 000 元的产品

1）先选择"全部显示"，再单击"退货次数"的下拉按钮，在下拉列表中只勾选"0"复选框，单击"确定"按钮，如图 3-91 所示，效果如图 3-92 所示。

2）接着单击"总销售额"的下拉按钮，单击"数字筛选"按钮，在下拉列表中选择"大于"选项，如图 3-93 所示。

图 3-91 内容筛选

商品编	产品名称	类别	销售数量（千克）	单价（元/千克）	总销售额	退货次	退货金额	备注
				产品销售情况表				
A002	红枣	加工果干	80.5	60	4830	0	0	
A004	无花果干	加工果干	44	56	2464	0	0	
C002	水果萝卜	时令果蔬	85	6.5	552.5	0	0	
C003	小粉番茄	时令果蔬	80	15	1200	0	0	
D002	虫草花	山珍干货	16.2	180	2916	0	0	
D003	野生香菇	山珍干货	15.8	160	2528	0	0	

图 3-92 筛选结果

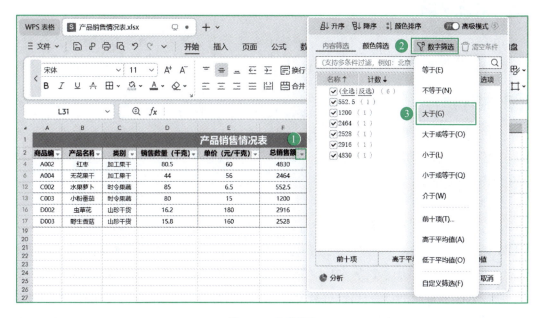

图 3-93 数字筛选

3）在打开的"自定义自动筛选方式"对话框中，选择"大于"选项，在右侧文本框中输入 2 000，如图 3-94 所示，单击"确定"按钮，即可筛选出所需数据，结果如图 3-95 所示。

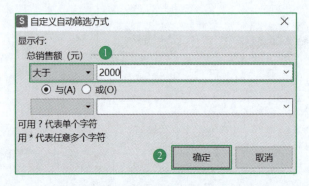

图 3-94　自定义自动筛选方式设置

▲	A	B	C	D	E	F	G	H	I
1	产品销售情况表								
2	商品编	产品名称	类别	销售数量（千克）	单价（元/千克）	总销售额	退货次数	退货金额	备注
4	A002	红枣	加工果干	80.5	60	4830	0	0	
6	A004	无花果干	加工果干	44	56	2464	0	0	
16	D002	虫草花	山珍干货	16.2	180	2916	0	0	
17	D003	野生香菇	山珍干货	15.8	160	2528	0	0	

图 3-95　筛选结果

 自主探究

在筛选的状态下，单击"筛选"按钮（取消筛选）和在下拉列表中选择"全部显示"选项，结果有何区别？

职场透视

在进行数据分析时，排序和筛选是最常用的分析手段之一。通过对数据进行排序，可以让凌乱的数据升序或降序排列，有助于用户发现数据的规律；通过筛选，可以甄选出符合特定条件的关键信息。

例如在销售报告中，通过对销售额进行降序排序，可以迅速识别出销售额最高的产品或地区，从而有利于管理层制订有针对性的市场营销策略或资源配置方案。同样地，对员工绩效、项目进度、客户满意度等指标进行排序，有助于揭示数据内在的规律和趋势，为决策提供强有力的支持。在人力资源部门，可以通过筛选功能快速锁定特定年龄段、职级或绩效等级的员工群体，以便于开展定制化的培训计划或福利政策。而在市场营销领域，筛选功能则能够协助用户精准定位目标客户，如筛选出最近购买频次较高或消费金额较大的客户，从而设计更具吸引力的促销活动或会员服务。

在工作中，熟练运用排序和筛选这两种数据分析手段，无疑能极大地提升工作效率，辅助企业更好地解读数据背后的故事，使决策更加科学、精准，最终助力企业在激烈的市场竞争中占得先机和优势。

职业技能要求

职业技能要求见表 3-5。

表 3-5　本任务对应 WPS 办公应用职业技能等级认证要求（中级）

工作任务	职业技能要求
数据处理	① 能够使用简单排序、多关键字复杂排序和自定义排序进行数据处理； ② 能够实现数据的自动筛选和自定义筛选

任务测试

一、单项选择题

1. 关于 WPS 表格，下列说法正确的是（　　　）。

　A. 排序时只能按照一个关键字排序

　B. 隐藏工作表，只能通过"开始"选项卡中的"工作表"模块设置

　C. 隐藏公式，只要在单元格格式的保护下，勾选隐藏即可

　D. WPS 表格具有删除重复项功能

2. 对 WPS 表格中的工作表进行数据筛选操作后，表格中未显示的数据（　　　）。

　A. 已被删除，不能再恢复　　　　　　B. 已被删除，但可以恢复

　C. 被隐藏起来，未被删除　　　　　　D. 已被放置到另一个表格中

二、多项选择题

1. 在 WPS 表格中，下列关于排序说法正确的是（　　　）。

　A. 先选定排序依据，再开始排序

　B. 可以按照自定义序列进行排序

　C. 可以进行单条件排序

　D. 可以进行多条件排序

2. 在 WPS 表格中进行数据筛选时，下列描述正确的是（　　　）。

　A. 利用"筛选"功能可以快速方便地在数据清单中设置简单的筛选条件

　B. 当对某一列数据进行筛选时，只有满足筛选条件的行会被显示，其他行会被隐藏

　C. 使用"筛选"功能不会改变原始数据，清除筛选后所有数据行将恢复显示

　D. 自定义筛选条件中可以设置"大于或等于""小于或等于""不等于"等多种比较条件

➤ **实操题**

操作要求：

1）打开"兴趣班上课统计表 .xlsx"工作簿。根据给出的资料，完成以下操作：

① 以"书法课"为主要关键字，将"绘画课""音乐课"顺序设置次要关键字，排序次序均为降序，完成排序。

② 完成排序后，使用筛选功能，筛选出"音乐课"大于 6 的记录。

2）打开"津贴表 .xlsx"工作簿，将表中数据记录按职务从高到低（总经理、副总经理、经理、组长、员工）排序。

3）打开"股票涨跌榜 .xlsx"工作簿，筛选出涨幅前 6 名，且成交金额高于平均值的股票记录。

🔍 任务验收

任务验收评价表见表 3-6，可对本节任务的学习情况进行评价。

表 3-6　任务验收评价表

任务评价指标				
序号	内容	自评	互评	教师评价
1	能够使用简单排序进行数据处理			
2	能够使用多关键字复杂排序进行数据处理			
3	能够使用自定义排序进行数据处理			
4	能够实现数据的自动筛选			
5	能够实现数据的自定义筛选			

任务 3.4　直观展示销售情况表

🔍 任务情境

直观展示销售情况表

微课 3-11
创建和美化
图表

某贸易有限公司通过供应链管理、品牌建设、多渠道营销、物流优化、社区合作、农民培训教育等多种积极有效的措施，促使销售额稳步攀升。主管让小欣对该综合性电商平台创建一年来的销售数据制作成图表，以便能更直观地分析各类农产品及农副产品的销售情况，帮助管理层了解产品表现，调整营销策略，并为新一年的销售计划提供数据支持。

3.4.1　创建和美化图表

图表可直观地表现数据的变化，是数据图形化的一种重要表现形式。WPS 表格中的图表类型主要包括柱形图、折线图、饼图、条形图、面积图、XY（散点图）、股价图、雷达图共 8 大类图表，每种类型又细分为多个小类型。图 3-96 为 4 种常用的图表。常用的 4 种图表类型及功能见表 3-7。

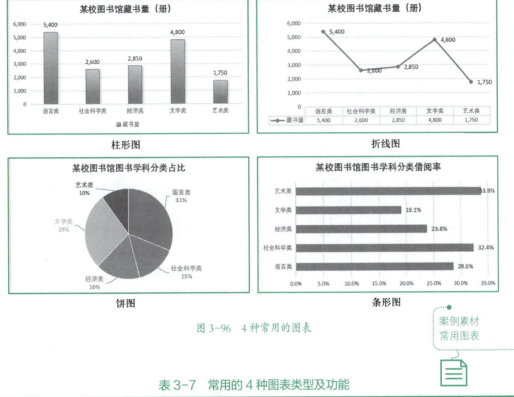

图 3-96 4 种常用的图表

案例素材
常用图表

表 3-7 常用的 4 种图表类型及功能

图表类型	功能介绍
柱形图	直观展示数据之间的差异
折线图	表现数值变化的趋势
饼图	直观展示各部分与整体之间的关系
条形图	柱形图的水平表示

打开"产品季度销售统计表 .xlsx"工作簿，用图表的方式呈现各类产品各季度销售情况，具体要求如下：

1）选取各类产品 4 个季度的销售额作为数据源，创建簇状柱形图，以呈现各类产品每个季度的销售变化情况。

2）选取"产品类别"和"合计"列的数据作为数据源，创建条形图，以呈现各类产品年度销售额的差别。

3）更改上述条形图为饼图，以呈现各类产品年度销售额占比情况。

➤ 知识技能点
- 创建图表并设置样式
- 设置图表各元素格式

● 更改图表类型

➤ **任务实施**

（1）创建簇状柱形图

1）创建图表。选中 A2: E6 单元格区域，单击"插入"→"簇状柱形图"按钮，选择"簇状柱形图"中的第一个图表，如图 3-97 所示。

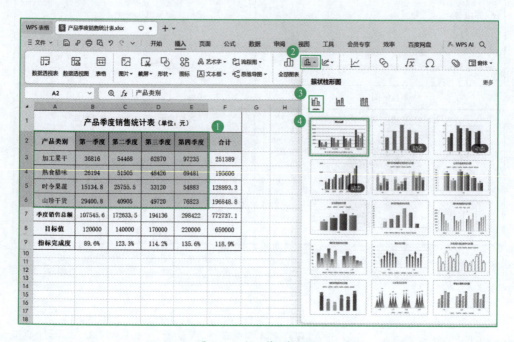

图 3-97　插入簇状柱形图

2）修改图表元素。

① 修改"图表标题"：单击图表的标题框，当出现光标时，将标题修改为"产品季度销售额统计图"，如图 3-98 所示。

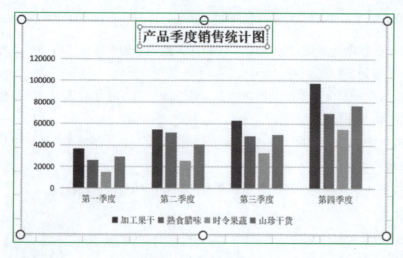

图 3-98　修改图表标题

② 设置"坐标轴"选项：单击并选中"纵向坐标轴"，展开"属性"面板，在"坐标轴选项"→"坐标轴"→"坐标轴选项"的"边界"中设置"最小值"为"0"，"最大值"为"100 000"，在"单位"中设置"主要"为"20 000"，如图 3-99 所示。

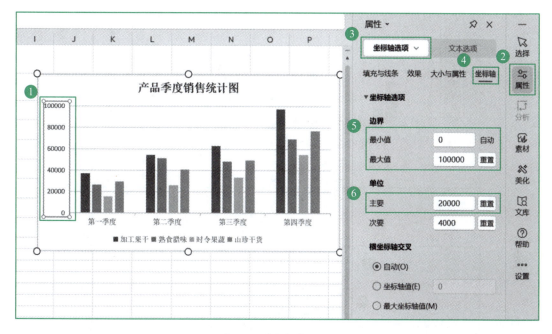

图 3-99　坐标轴选项设置

③ 添加"轴标题"：单击图表，当图表右上角出现快捷按钮时，单击"图表元素"按钮，勾选"轴标题"→"主要纵坐标轴"复选框，如图 3-100 所示，并将"坐标轴标题"文字修改为"销售额（单位：元）"，效果如图 3-101 所示。

3）美化图表。

① 设置"图表标题"格式：单击标题，拖动选中文字，在弹出的选项框中设置合适的字体和字号，如图 3-102 所示；展开"属性"面板，在"文本选项"→"填充与轮廓"→

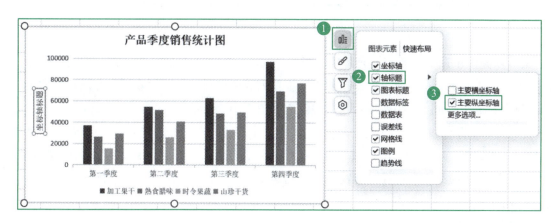

图 3-100　添加轴标题

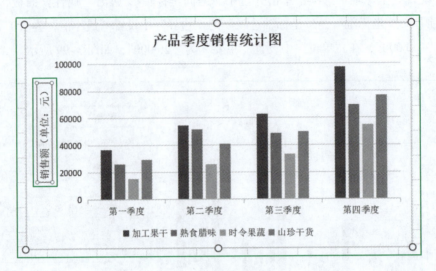

图 3-101　修改轴标题

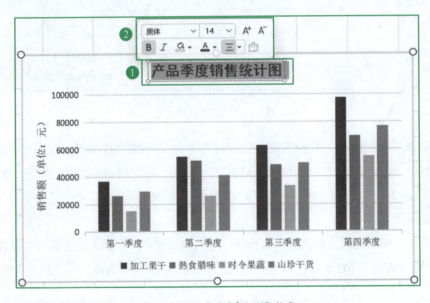

图 3-102　设置"图表标题"格式

"文本填充"中选中"渐变填充"单选按钮，在右上方的下拉列表中选择一种渐变颜色，如图 3-103 所示；在"效果"→"阴影"下拉列表中选择一种阴影效果，并设置其大小、透明度等属性，如图 3-104 所示，图表效果如图 3-105 所示。

②设置背景：选中图表，展开"属性"面板，在"图表选项"→"填充与线条"→"填充"中选中"图片或纹理填充"单选按钮，在下方的"纹理填充"中单击下拉按钮，在下拉列表中选择一种纹理，如图 3-106 所示，效果如图 3-107 所示。

（2）创建簇状条形图

1）创建图表。

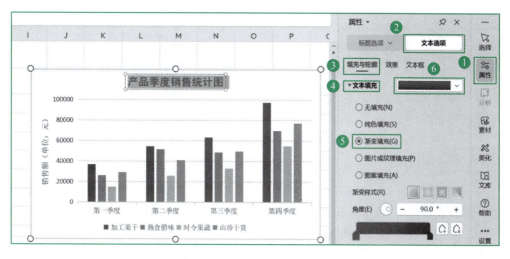

图 3-103　设置标题文本填充效果

图 3-104　设置标题文本阴影效果

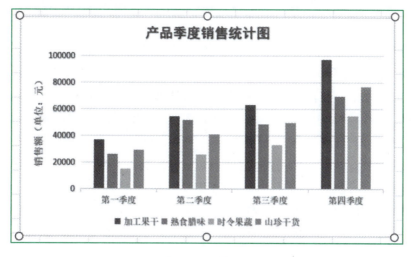

图 3-105　图表效果

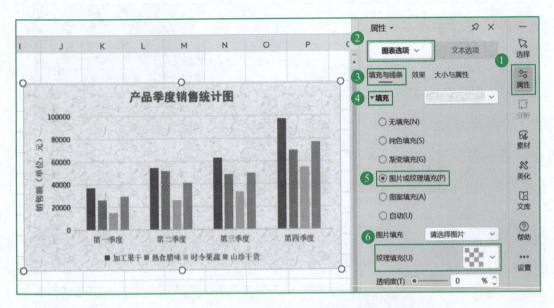

图 3-106　设置图表背景填充效果

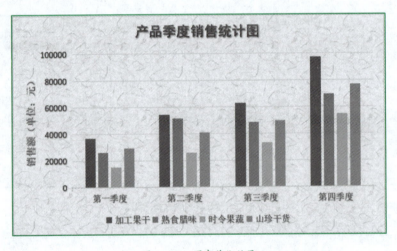

图 3-107　图表美化效果

同时选中 A2: A6 和 F2: F6 单元格区域，单击"插入"→"全部图表"按钮，如图 3-108 所示，在下拉列表中选择"全部图表"选项，打开"图表"对话框，在左侧选择"条形图"，在右侧选择"簇状"，在其中选择一种效果，如图 3-109 所示。

2）美化图表。

① 修改"图表标题"：单击图表的标题框，将标题修改为"产品年度销售一览图"，如图 3-110 所示。

② 使用"样式"修饰图表：选中图表区，单击"图表工具"选项卡，在"样式"中选择一种样式，如图 3-111 所示，将图表放置到合适的位置，效果如图 3-112 所示。

图 3-108　插入图表

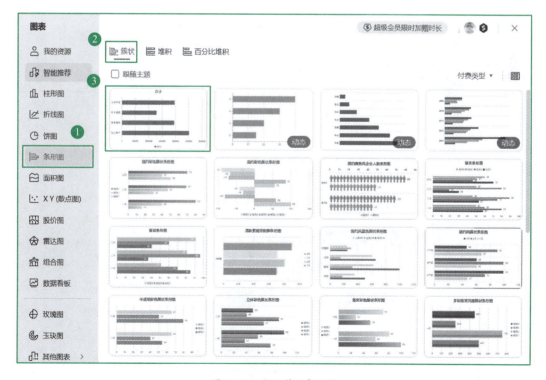

图 3-109　插入簇状条形图

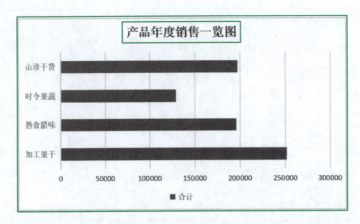

图 3-110　修改"图表标题"

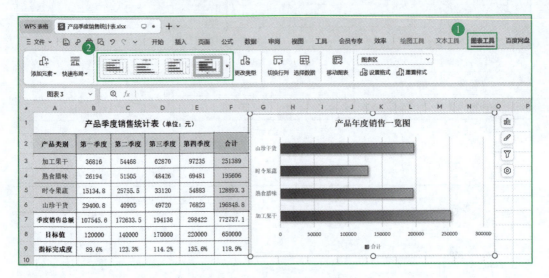

图 3-111　选择"图表样式"

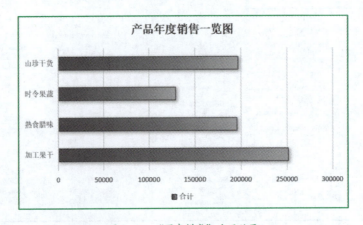

图 3-112　"图表样式"应用效果

（3）更改图表类型

选中上述"条形图"，单击"图表工具"选项卡，在功能区中单击"更改类型"按钮，如图 3-113 所示，打开"更改图表类型"对话框，在左侧选择"饼图"，在右侧选择"饼图"，如图 3-114 所示，在其中选择一种效果，如图 3-115 所示。

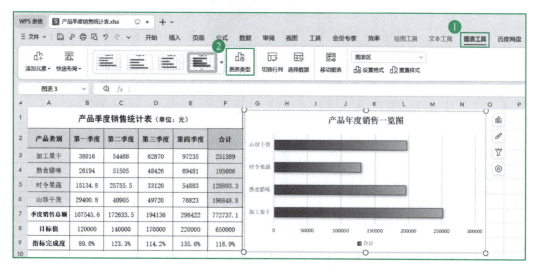

图 3-113　更改图表类型

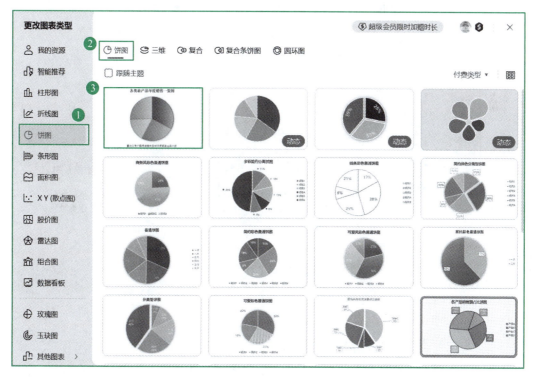

图 3-114　更改图表类型为饼图

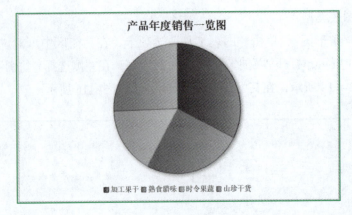

图 3-115　饼图效果

 知识窗

图表的组成要素

虽然图表的类型不同，但每种图表的大部分元素是相同的，一般由以下几个要素构成，如图 3-116 所示。

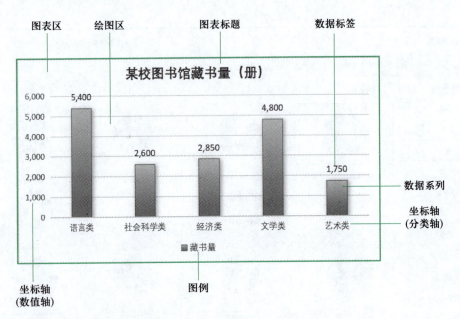

图 3-116　图表的组成要素

图表标题：包括图表的标题、数值轴和分类轴的标题。

图表区：即图表所在的区域，图表的所有要素都放置在图表区中。

绘图区：图表的主体部分，是展示数据的图形所在区域。

图例：显示数据系列名称及其对应的图案和颜色。

坐标轴：由两部分组成，即分类轴（x 轴）和数值轴（y 轴）。

数据系列：由一组数据生成的系列，可以选择按行生成系列或者按列生成系列。

数据标签：表示组成系列的数据点的值，可以是数据中的值、百分比、标签等。

3.4.2　创建组合图表

组合图并不是一种特定类型的图表，而是把两种及以上的图表组合而成的图表形式。通过将多种图表组合在一起，使图表的内容更加丰富、直观。

打开"产品季度销售额统计表 .xlsx"工作簿，用组合图表的方式直观呈现各季度销售额达成目标值的情况。

微课 3-12
创建组合图表

➤ **知识技能点**
- 创建组合图表
- 添加趋势线

➤ **任务实施**

（1）创建组合图

同时选中 A2：E2 和 A7：E8 单元格区域，单击"插入"→"全部图表"按钮，如图 3-117 所示，在下拉列表中选择"全部图表"选项，打开"图表"对话框，在左侧选择"组合图"，在右侧选择"簇状柱形 - 折线图"，在"季度销售总额"中选择"簇状柱形图"，"目标值"选择"折线图"，单击"插入图表"，如图 3-118 所示，效果如图 3-119 所示。

产品季度销售统计表（单位：元）

产品类别	第一季度	第二季度	第三季度	第四季度	合计
加工果干	36816	54468	62870	97235	251389
熟食腊味	26194	51505	48426	69481	195606
时令果蔬	15134.8	25755.5	33120	54883	128893.3
山珍干货	29400.8	40905	49720	76823	196848.8
季度销售总额	107545.6	172633.5	194136	298422	772737.1
目标值	120000	140000	170000	220000	650000
指标完成度	89.6%	123.3%	114.2%	135.6%	118.9%

图 3-117　插入组合图

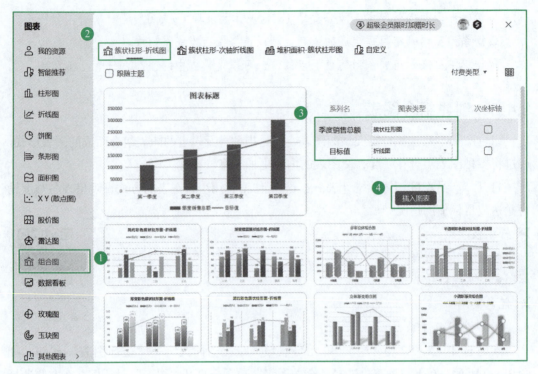

图 3-118　选择组合图类型

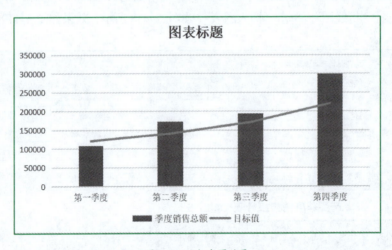

图 3-119　组合图效果

（2）添加"趋势线"

单击图表，当图表右上角出现快捷按钮时，单击"图表元素"按钮，如图 3-120 所示，勾选"趋势线"复选框，在打开的"添加趋势线"对话框中选择"季度销售总额"，单击"确定"按钮，如图 3-121 所示，效果如图 3-122 所示。

（3）美化图表

修改图表标题并根据需要进行格式设置，最终效果如图 3-123 所示，方法参考前面的操作步骤，在此不再赘述。

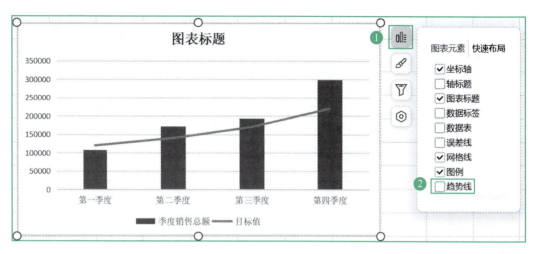

图 3-120　添加趋势线

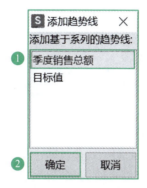

图 3-121　选择趋势线的类型

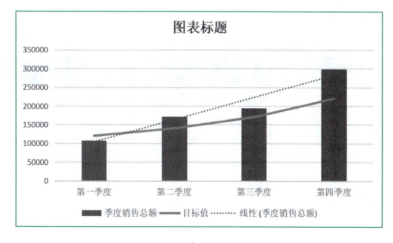

图 3-122　图表添加趋势线效果

图 3-123   图表美化效果

职场透视

图表虽然有让观众一目了然、形象展现数据规律等特点，但是并不是所有数据都适合用图表来呈现。在制作图表时，一定要先分析数据类型，确定是否适合使用图表及使用哪种类型的图表来呈现。

图表往往会应用于以下几种情况：

① 有效呈现数据规律；

② 增强数据的说服力；

③ 与数据有效搭配，架构合理、配色美观。

只有在合适的情况下，选择合适的图表类型，并应用诸多图表元素，用心打造的图表，才能制作出专业的图表，达到让图表为数据"说话"的目的。

职业技能要求

职业技能要求见表 3-8。

表 3-8   本任务对应 WPS 办公应用职业技能等级认证要求（中级）

工作任务	职业技能要求
图表美化	① 能够对已创建的图表更改其图表类型，并能设置图表样式； ② 能够对图表元素设置格式，如设置坐标轴格式、绘图区格式、网格线格式、添加趋势线等； ③ 能够创建组合图表

任务测试

一、单项选择题

1. 在 WPS 表格中创建图表时，以下说法正确的是（　　　）。

　　A. WPS 表格不允许用户在同一张工作表内插入多个图表

B. 用户可以根据需要选择不同的图表类型，如柱状图、折线图、饼图等

C. 创建图表后，图表与源数据之间的链接会自动解除

D. 图表一旦创建，就不能更改其图表类型和数据系列

2. 在 WPS 表格中，若想要展现数据随时间变化的趋势，应优先考虑选择（   ）类型的图表。

    A. 柱状图   B. 折线图   C. 饼图   D. 散点图

3. 当需要对比不同类别数据在总和中所占的比例关系时，最适合使用的 WPS 表格图表类型是（   ）。

    A. 条形图   B. 折线图   C. 饼图   D. 面积图

二、多项选择题

1. 在 WPS 表格中创建和编辑图表时，以下描述正确的是（   ）。

    A. 可以根据数据源生成柱状图、折线图、饼图等多种类型的图表

    B. 创建的图表会随着源数据的更改而动态更新

    C. 可以通过选择"设计"和"格式"选项卡来自定义图表的颜色、样式和布局

    D. 可以为图表添加数据标签、图例、网格线等元素以增强图表表现力

2. 在 WPS 表格中，以下（   ）图表类型适用于具体场景。

    A. 柱状图：对比不同类别的数值大小

    B. 折线图：显示数据随时间的变化趋势

    C. 饼图：表现各部分占总体的比例关系

    D. 散点图：分析两个变量之间是否存在某种趋势或相关性

三、实操题

操作要求：

1）根据"组合图"工作表资料，完成以下操作：

① 设置"书法课"为"簇状柱形图"，"绘画课"为"折线图"，设置"绘画课"为次坐标。

② 为柱形图添加"数据标签"–"数据标签外"，折线图添加"数据标签"–"数据标签居中"。

2）打开"插入组合图"工作表，完成以下操作：

① 选择 A1: 13 区域数据，插入组合图，要求：设置"1 月点餐次数"为"簇状柱形图"，"2 月点餐次数"为"折线图"，设置"2 月点餐次数"为次坐标。

② 设置柱形图的数据标签样式为"数据标签外"，设置折线图的数据标签样式为"数据标签居中"。

🔍 任务验收

任务验收评价表见表 3-9，可对本节任务的学习情况进行评价。

表 3-9　任务验收评价表

任务评价指标				
序号	内容	自评	互评	教师评价
1	了解柱形图、折线图、饼图、条形图的功能			
2	能够对已创建的图表更改其图表类型，并能设置图表样式			
3	能够对图表元素设置格式，如设置坐标轴格式、绘图区格式、网格线格式、添加趋势线等			
4	能够创建组合图表			

任务 3.5　阅读和保护数据表

🔍 任务情境

阅读和保护数据表

销售部主管让小欣把公司近 3 年电脑产品销售量数据整理汇总在一份表格中，以便进一步分析公司电脑产品的销售增长趋势。小欣整理后发现这份数据表缺乏可读性和专业性，看久了还容易产生视觉疲劳，她使用两步简单的操作就解决了这个问题。为了数据不被误修改和删除，确保这些关键销售数据的安全性与完整性，小欣又为整个工作表设置了保护模式。销售部主管收到数据表后赞赏小欣办事细致又严谨。

3.5.1　使用千位分隔符

在显示长数字时，为了增加数字的可读性，每隔三位数可放置一个特定的符号，将数字分成易于辨识的组块，在通常情况下，这个符号是逗号","。例如，在数字"12345678"中每隔 3 位数放置一个逗号","后会变为"12,345,678"，这里的逗号","就是千位分隔符。对于大数值，千位分隔符有助于快速识别数值的大小，避免了长串数字带来的阅读困难。

打开"电脑产品销售统计表 .xlsx"工作簿，给其中的数值数据添加千位分隔符。

➤ **知识技能点**
- 使用千位分隔符

➤ **任务实施**

选中 C2：G41 单元格区域，在"开始"选项卡中单击"数字格式"下拉按钮，在下拉列表中选择"其他数字格式"选项，如图 3-124 所示，打开"单元格格式"对话框，在左侧"分类"中选择"数值"，在右侧勾选"使用千位分隔符（,）"复选框，如图 3-125 所示，效果如图 3-126 所示。

图 3-124　选择"其他数字格式"选项

图 3-125　使用千位分隔符

	A	B	C	D	E	F	G
1	年份	月份	笔记本电脑	平板电脑	电脑配件	外设产品	合计
2	2021年	1月	958,534.00	118,956.00	2,035,698.00	58,965.00	3,172,153.00
3	2021年	2月	925,647.00	117,587.00	2,045,893.00	69,659.00	3,158,786.00
4	2021年	3月	925,647.00	125,897.00	1,958,987.00	68,548.00	3,079,079.00
5	2021年	4月	933,695.00	124,879.00	1,744,896.00	75,241.00	2,878,711.00
6	2021年	5月	989,785.00	117,458.00	1,988,759.00	65,478.00	3,161,480.00
7	2021年	6月	1,387,758.00	168,978.00	2,522,365.00	64,578.00	4,143,679.00
8	2021年	7月	1,389,554.00	184,576.00	2,455,987.00	79,547.00	4,109,664.00
9	2021年	8月	1,444,896.00	224,778.00	2,526,548.00	78,564.00	4,274,786.00
10	2021年	9月	1,066,584.00	115,874.00	2,365,987.00	65,874.00	3,614,319.00
11	2021年	10月	985,689.00	108,965.00	1,988,657.00	65,812.00	3,149,123.00
12	2021年	11月	1,217,758.00	179,856.00	2,569,856.00	75,476.00	4,042,946.00
13	2021年	12月	945,896.00	188,956.00	1,832,569.00	61,254.00	3,028,675.00
14	2021年 汇总		13,171,443.00	1,776,760.00	26,036,202.00	828,996.00	41,813,401.00

图 3-126 使用千位分隔符后的效果

3.5.2 设置阅读和护眼模式

在工作中会时常面临处理包含庞大数据的复杂表格，利用 WPS 表格的阅读模式功能，可以便捷地查看某个选定单元格所在行与列的相关数据信息。尤其在滚动浏览表格页面的过程中，该功能可以帮助用户迅速锁定并聚焦目标内容，从而提升数据查阅效率与精准度。与此同时，考虑到长时间办公对眼睛造成的负担，WPS 提供了护眼模式功能，有效减轻视觉疲劳，为长时间工作的用户提供更为舒适的屏幕视觉体验。

打开"电脑产品销售统计表 .xlsx"工作簿，开启阅读模式和护眼模式。

➤ **知识技能点**
- 阅读模式
- 护眼模式

➤ **任务实施**

（1）单击"视图"→"阅读"下拉按钮，选择一种颜色，如图 3-127 所示，效果如图 3-128 所示，当选中一个单元格时，与此单元格处于同一行列的数据都被填充颜色突出显示。

（2）单击"视图"→"护眼"按钮，即可切换到护眼模式，如图 3-129 所示；也可在表格下方状态栏右侧单击"小眼睛"图标，开启护眼模式。

图 3-127　阅读模式

		年份	月份	笔记本电脑	平板电脑	电脑配件	外设产品	合计
	1							
	2	2021年	1月	958,534.00	118,956.00	2,035,698.00	58,965.00	3,172,153.00
	3	2021年	2月	925,647.00	117,587.00	2,045,893.00	69,659.00	3,158,786.00
	4	2021年	3月	925,647.00	125,897.00	1,958,987.00	68,548.00	3,079,079.00
	5	2021年	4月	933,695.00	124,879.00	1,744,896.00	75,241.00	2,878,711.00
	6	2021年	5月	989,785.00	117,458.00	1,988,759.00	65,478.00	3,161,480.00
	7	2021年	6月	1,387,758.00	168,978.00	2,522,365.00	64,578.00	4,143,679.00
	8	2021年	7月	1,389,554.00	184,576.00	2,455,987.00	79,547.00	4,109,664.00
	9	2021年	8月	1,444,896.00	224,778.00	2,526,548.00	78,564.00	4,274,786.00
	10	2021年	9月	1,066,584.00	115,874.00	2,365,987.00	65,874.00	3,614,319.00
	11	2021年	10月	985,689.00	108,965.00	1,988,657.00	65,812.00	3,149,123.00
	12	2021年	11月	1,217,758.00	179,856.00	2,569,856.00	75,476.00	4,042,946.00
	13	2021年	12月	945,896.00	188,956.00	1,832,569.00	61,254.00	3,028,675.00
	14	2021年 汇总		13,171,443.00	1,776,760.00	26,036,202.00	828,996.00	41,813,401.00

图 3-128　阅读模式效果

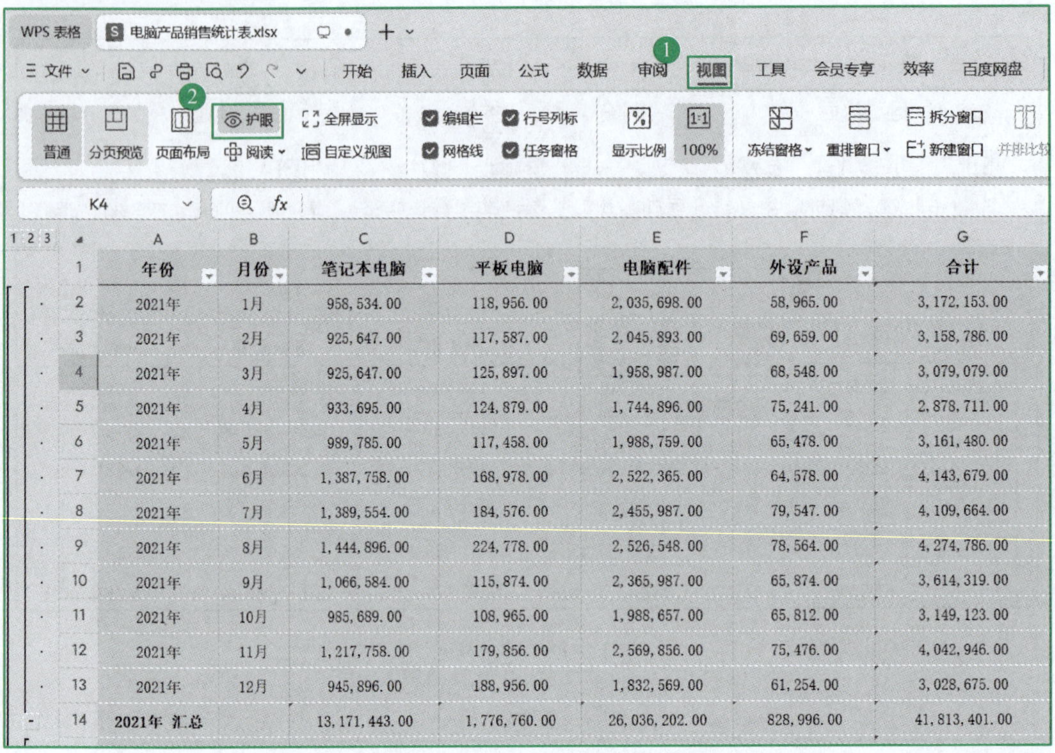

图 3-129　护眼模式

3.5.3　保护工作表和工作簿

在工作中，为了确保关键数据的安全性与完整性，可以为工作表、工作簿设置保护模式，只有拥有授权密码的管理者才能对其进行编辑和修改，可有效防止意外的改动和删除行为，从而保障数据的准确性和可靠性。

打开"电脑产品销售统计表"工作簿，为工作表和工作簿设置保护模式，具体要求如下：

1）为"总销量表"工作表设置保护密码，以实现数据不可编辑、行列不可删除或添加，用户仅可利用筛选功能查看数据。

2）为"电脑产品销售统计表 .xlsx"工作簿设置保护密码，以实现禁止删除工作表、移动工作表等限制。

➤ **知识技能点**
- 保护工作表
- 保护工作簿

➤ **任务实施**

1）选中数据所在区域，单击"审阅"按钮，此时"锁定单元格"按钮默认处于启用状态，再单击"保护工作表"按钮，如图 3-130 所示，在打开的"保护工作表"对话框中设置密码，在"允许此工作表的所有用户进行"中只勾选"选定锁定单元格""选定未锁定单元格""使用自动筛选"3个复选框，单击"确定"按钮，如图3-131所示，在保护模式下，就不能对工作表中的数据进行修改、删除，也不能插入或删除行列，但可以使用筛选功能查看数据。

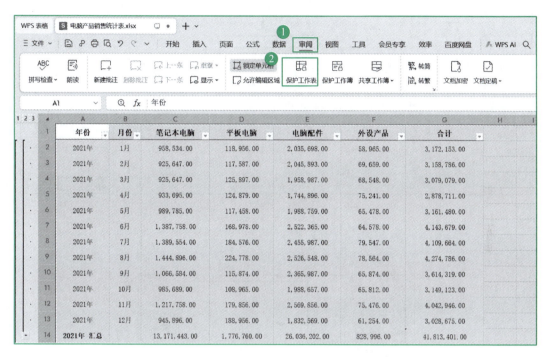

图 3-130　保护工作表

(a)

(b)

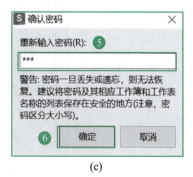
(c)

图 3-131　设置保护密码和权限

2）单击"审阅"→"保护工作簿"按钮，在打开的"保护工作簿"对话框中设置密码，单击"确定"按钮，如图3-132所示，这样当前工作簿中的工作表就不会被删除、移动或重命名，效果如图3-133所示。

(a)   (b)

图 3-132　保护工作簿

图 3-133　保护工作簿效果

3.5.4　共享工作簿

WPS 表格的共享工作簿功能可以将本地工作簿设置为共享工作簿保存在共享网络中，便于多位用户查看、编辑。

打开"电脑产品销售统计表 .xlsx"工作簿，为该工作簿设置共享，允许多用户同时编辑。

➤ **知识技能点**

● 共享工作簿

➤ **任务实施**

单击"审阅"→"共享工作簿"下拉按钮，在下拉列表中选择"共享工作簿"选项，如图 3-134 所示，在打开的"共享工作簿"对话框中勾选"允许多用户同时编辑，同时允许工作簿合并"复选框，单击"确定"按钮，如图 3-135 所示，可将此工作簿保存在共享网络中，多位用户即可共同编辑此工作簿。

年份	月份	笔记本电脑	平板电脑	电脑配件	外设产品
2021年	1月	958, 534. 00	118, 956. 00	2, 035, 698. 00	58, 965.	
2021年	2月	925, 647. 00	117, 587. 00	2, 045, 893. 00	69, 659. 00	3, 158, 786. 00
2021年	3月	925, 647. 00	125, 897. 00	1, 958, 987. 00	68, 548. 00	3, 079, 079. 00
2021年	4月	933, 695. 00	124, 879. 00	1, 744, 896. 00	75, 241. 00	2, 878, 711. 00
2021年	5月	989, 785. 00	117, 458. 00	1, 988, 759. 00	65, 478. 00	3, 161, 480. 00
2021年	6月	1, 387, 758. 00	168, 978. 00	2, 522, 365. 00	64, 578. 00	4, 143, 679. 00
2021年	7月	1, 389, 554. 00	184, 576. 00	2, 455, 987. 00	79, 547. 00	4, 109, 664. 00
2021年	8月	1, 444, 896. 00	224, 778. 00	2, 526, 548. 00	78, 564. 00	4, 274, 786. 00
2021年	9月	1, 066, 584. 00	115, 874. 00	2, 365, 987. 00	65, 874. 00	3, 614, 319. 00
2021年	10月	985, 689. 00	108, 965. 00	1, 998, 657. 00	65, 812. 00	3, 149, 123. 00
2021年	11月	1, 217, 758. 00	179, 856. 00	2, 569, 856. 00	75, 476. 00	4, 042, 946. 00
2021年	12月	945, 896. 00	188, 956. 00	1, 832, 569. 00	61, 254. 00	3, 028, 675. 00
2021年 汇总		13, 171, 443. 00	1, 776, 760. 00	26, 036, 202. 00	828, 996. 00	41, 813, 401. 00

图 3-134　共享工作簿

图 3-135　允许多用户同时编辑

职场透视

在 WPS 表格中，"阅读模式"旨在让用户能够集中精力在当前选中的单元格或区域，尤其适合进行详尽的数据审阅和报告演示，提高阅读和讲解的专注度与流畅性。"护眼模式"则是为了缓解长时间使用电子设备带来的视觉疲劳，提高办公舒适度的一项人性化功能。

"保护工作表"功能主要用于权限管理与数据安全。用户可以通过设置密码来防止未经授权的编辑、修改或格式更改，确保关键数据的完整性。在职场合作中，这项功能能够保证敏感信息的安全传递和保存，避免误操作导致的数据丢失或泄漏风险。

"共享工作簿"功能实现了多人在线协作编辑。在团队合作场景下，同事们可以实时查看和编辑同一份表格文件，所有的改动都会同步显示，大大增强了团队内部沟通效率和协同作业能力。此外，该功能还支持版本追踪和修订记录，有利于团队成员了解每一次修改的过程，确保决策基于最新且一致的数据信息。

职业技能要求

职业技能要求见表 3-10。

表 3-10　本任务对应 WPS 办公应用职业技能等级认证要求（中级）

工作任务	职业技能要求
视图与审阅	① 掌握长数字的阅读方法； ② 掌握阅读模式和护眼模式的设置方法； ③ 掌握文件加密、保护工作表和工作簿的操作方法； ④ 掌握共享工作簿的操作方法； ⑤ 掌握锁定单元格和允许用户编辑区域的操作方法

任务测试

一、单项选择题

1. 在 WPS 表格中，"保护工作表"是在（　　）选项卡中。

　　A. 开始　　　　　　　　　　　　B. 插入

　　C. 审阅　　　　　　　　　　　　D. 数据

2. 在 WPS 表格中，开启护眼模式的主要作用是（　　）。

　　A. 提高屏幕亮度，增强视觉效果

　　B. 调整屏幕色温，减少蓝光辐射，缓解长时间查看电子表格时的眼睛疲劳

　　C. 自动放大字体，便于用户阅读小字号数据

　　D. 加密表格内容，保护敏感数据不被他人窥视

二、多项选择题

1. 在 WPS 表格中，下列关于锁定单元格说法正确的是（　　）。

　　A. 可以单击"单元格格式"→"保护"→"锁定"选项

　　B. 可以单击"审阅"→"锁定单元格"按钮

　　C. 只有保护工作表后，锁定单元格才生效

　　D. 可以单击"单元格格式"→"图案"→"锁定"选项

2. 在 WPS 表格中，以下（　　）功能可以帮助保护数据安全和促进团队协作。

　　A. 保护工作表功能，可以限制对工作表特定区域的编辑权限，防止未经授权的更改

　　B. 保护工作簿功能，可以设置密码防止整个工作簿被打开、修改或保存

　　C. 共享工作簿功能，允许团队成员在网络上同时编辑同一份工作簿，实时同步更新内容

　　D. 工作簿共享后，部分功能不能使用，如合并单元格、条件格式等

三、实操题

操作要求：

1）根据"理财笔记"工作表，完成以下操作：

① 按"天"计算各理财产品的"持有时间"。

② 设置表格区域为不可修改，保护工作表，保护密码为 123。

2）打开"允许用户编辑"工作表，完成以下操作：

① 将 3 月"书法课"数据 106 修改为 126，6 月"绘画课"数据 108 修改为 88。

② 设置工作表保护密码为 123。

任务验收

任务验收评价表见表 3-11，可对节任务的学习情况进行评价。

表 3-11　任务验收评价表

任务评价指标				
序号	内容	自评	互评	教师评价
1	掌握长数字的阅读方法，能够使用千位分隔符			
2	能够对数据表设置"阅读模式"和"护眼模式"			
3	能够设置"保护工作表"和"保护工作簿"			
4	能够设置"共享工作簿"			
5	能够设置"锁定单元格"和"允许用户编辑区域"			

任务 3.6　移动端实时数据处理与分析

任务情境

移动端实时数据
处理与分析

小欣所在的家乡自从国家实施乡村振兴战略以来，当地充分发挥其独特的生态环境优势和底蕴深厚的乡村文化资源，大力发展乡村旅游和特色产业，通过农家乐项目开发和推广地方农产品、手工艺品，成功带动了农民收入多元化增长，实现了从贫困到富裕的转变。如今，乡村旅游已成为当地经济发展的支柱产业和提高民众生活水平的重要依托。

小欣是一位关注家乡发展的大学生，为了提升乡村旅游服务质量与竞争力，她对游客进行现场问卷调查，以获取游客基本信息、旅游体验评价及消费行为等数据，并利用移动端 WPS 表格实时对数据进行处理与分析，以便为家乡旅游业的发展献计献策。期望借力乡村振兴政策，推动乡村旅游产业升级，激活乡村经济，让广大村民共享振兴成果。

3.6.1　移动端数据排序

在移动端的电子表格应用中，用户能够便捷高效地对数据进行实时排序操作，该功能使得无论何时何地，只要手持移动设备，用户都能够轻松实现对表格内数据的管理与整理。

使用移动端 WPS 表格打开"乡村旅游现场问卷调查数据"文件，对"总花费（元）"列进行降序排序，以便迅速了解游客消费金额最高的情况以及整体的消费分布状况。

➤ **知识技能点**

● 在移动端电子表格中使用简单排序

➤ **任务实施**

1）在移动端 WPS 表格中打开"乡村旅游现场问卷调查数据 –1.xlsx"文件，单击"编辑"按钮，进入编辑状态，如图 3–136 所示。

2）放大视图，选中 I2 单元格，单击浮动工具栏第一个按钮→"数据"→"降序"按钮，如图 3–137 所示，这时"总花费（元）"列即按数值从高到低排序。

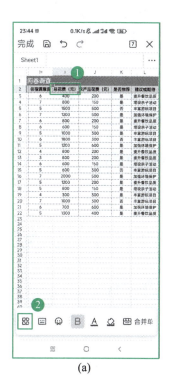

(a)

(b)

图 3–136　进入编辑状态　　　　　　　　　图 3–137　设置"降序"排序

3.6.2　移动端数据筛选

在移动端电子表格中，用户可根据自身需求，设定各种条件对数据进行筛选，筛选结果会立即呈现在屏幕上，做到实时更新，确保用户能够及时获取精准的目标数据。此外，移动端电子表格还支持多重条件联合筛选，有效提升数据分析的准确性和工作效率。

用移动端 WPS 表格打开"乡村旅游现场问卷调查数据 –1"文件，对采集的数据进行筛选，以便了解目标游客群体的行为特征、各项满意度及消费情况。具体要求如下：

1）筛选出"年龄段"为"18–25"岁的游客数据。

2）筛选出"总花费（元）"高于平均值的数据。

3）筛选出"总花费（元）"高于平均值且"不推荐"该旅游景点的数据。

➤ 知识技能点

- 在移动端电子表格中使用单条件筛选
- 在移动端电子表格中使用多条件筛选

➤ 任务实施

（1）筛选出"年龄段"为"18-25"岁的游客数据

单击行号 2，选中第 2 行，单击浮动工具栏第一个按钮→"数据"→"筛选"按钮，如图 3-138（a）所示；再单击 C2 单元格的下拉按钮，在浮动工具栏单击"内容"按钮，勾选"18-25"单选按钮，如图 3-138（b）所示，这时只呈现"年龄段"为"18-25"岁的游客数据。

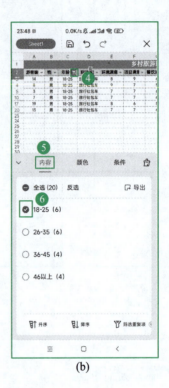

(a)　　　　　　　　　　　(b)

图 3-138　内容筛选

（2）筛选出"总花费（元）"高于平均值的数据

先单击浮动工具栏右侧的"清除筛选"按钮，将原有的筛选清除；接着再单击 I2 单元格的下拉按钮，在浮动工具栏单击"条件"→"高于平均值"按钮如图 3-139 所示，这时呈现"总花费（元）"高于平均值的数据。

（3）筛选出"总花费（元）"高于平均值且"不推荐"该旅游景点的数据

在上一步筛选结果的基础上，再单击 K2 单元格的下拉按钮，在浮动工具栏单击"内容"按钮，选择"否"单选按钮，如图 3-140 所示，这时只呈现"总花费（元）"高于平均值且"不推荐"该旅游景点的数据。

(a)	(b)
图 3-139　条件筛选	图 3-140　多条件筛选结果

3.6.3　移动端函数应用

　　移动端电子表格不仅支持基础的数据录入、编辑、排序和筛选等功能，还引入了丰富的函数应用，极大地提升了移动办公环境下的数据处理能力。在移动端电子表格中，用户可以直接调用各类内置数学函数、统计函数、日期与时间函数、文本函数等，进行实时数据计算。

　　用移动端 WPS 表格打开"乡村旅游现场问卷调查数据 -2.xlsx"文件，计算游客对环境、项目、餐饮和住宿 4 项服务的平均满意度，以便了解各方面的服务质量，为进一步改进和提升乡村旅游服务质量提供依据。

➢ 知识技能点

- 在移动端电子表格中使用函数

➢ 任务实施

　　（1）插入函数

　　在移动端 WPS 表格中打开"乡村旅游现场问卷调查数据 -2.xlsx"文件，单击"编辑"按钮，进入编辑状态；选中 B25 单元格，单击浮动工具栏第一个按钮→"插入"→"函数"按钮，如图 3-141 所示。

　　（2）使用"求平均值"函数

　　在"函数列表"中单击"统计"→AVERAGE 选项，将光标定位在函数参数处，单击 B3 并滑动到 B22，即选中 B3: B22 单元格区域，此时，函数文本框中显示

"=AVERAGE（B3：B22）"，单击√按钮，如图 3-142 所示，即可计算出"环境满意度"的平均值为 7.95，计算结果如图 3-143 所示。

(a)

(b)

(c)

图 3-141　插入函数

(a)

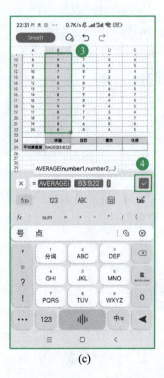
(c)

图 3-142　使用"求平均"函数

图 3-143　函数计算结果

（3）使用自动填充功能

单击 B23 单元格并滑动到 E23 单元格，在快捷菜单中单击"填充"→"填充到当前区域"按钮，此时另外 3 项服务的"平均满意度"也计算出来了，如图 3-144 所示。

(a)　　　　　　　　　　(b)　　　　　　　　　　(c)

图 3-144　填充到当前区域

3.6.4 移动端图表制作

移动端的电子表格支持多种图表形式，包括柱状图、折线图、饼图、散点图、条形图、面积图、雷达图、直方图等多种常见的可视化形式。用移动端创建图表的优势在于，用户能够在任何地点、时间，只需轻轻一点，即可将枯燥的数据转化为生动形象的图表，使数据背后的含义和趋势变得直观明了。

用移动端 WPS 表格打开"乡村旅游现场问卷调查数据 –2.xlsx"文件，将游客对环境、项目、餐饮和住宿 4 项服务的平均满意度数据制作成簇状柱形图，以便直观展示这 4 项服务的满意度对比情况，从而为乡村旅游服务的改善和优化提供数据支持。

➤ **知识技能点**

● 在移动端电子表格中创建图表

➤ **任务实施**

（1）插入"簇状柱形图"

在前面的任务计算 4 项服务的平均满意度的基础上，选中 B24: E25 单元格区域，单击浮动工具栏第一个按钮→"插入"→"图表"→"柱状图"→"簇状柱形图"选项，如图 3–145 所示。

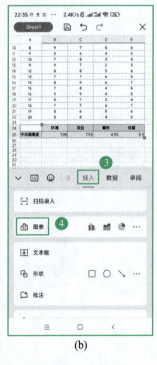
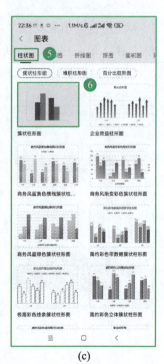

(a)　　　　　(b)　　　　　(c)

图 3–145　创建图表

（2）修改"图表标题"

选中"图表区域"，在快捷菜单中单击"图表选项"→"图表标题"按钮，修改标题文字为"平均满意度"，单击"确定"按钮，如图 3–146 所示，即可完成图表的创建。

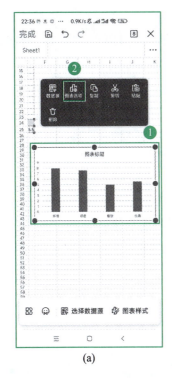
(a)

(b)

(c)

图 3-146　修改"图表标题"

职场透视

移动端 WPS 表格以其高效便捷的特点，使用户能够随时随地通过手机或平板设备对数据进行实时的处理与分析。这意味着无论身处办公室还是移动办公场景，用户都能够迅速响应工作需求，及时更新、整理并解析各类数据信息，极大地提高了工作效率和决策的时效性。

职业技能要求

职业技能要求见表 3-12。

表 3-12　本任务对应 WPS 办公应用职业技能等级认证要求（中级）

工作任务	职业技能要求
WPS 表格在移动端的使用	① 能够在移动端电子表格中使用排序功能； ② 能够在移动端电子表格中实现数据的筛选； ③ 能够在移动端电子表格中使用函数进行计算； ④ 能够在移动端电子表格中创建图表

任务测试

单项选择题

1. 在移动端 WPS 表格中，如果想快速对某一列数据进行升序或降序排序，应该使用（   ）功能。

    A. 合并单元格   B. 排序   C. 筛选   D. 格式刷

2. 在移动端 WPS 表格中创建图表以便更直观地展示数据趋势，以下（   ）步骤是正确的。

    A. 选择需要生成图表的数据区域，单击"插入"→"图表"按钮，选择相应的图表类型

    B. 直接单击单元格，单击"图表"→"自动为整个表格生成图表"按钮

    C. 先复制数据到 WPS 文字，然后使用 WPS 文字的图表功能创建

    D. 在没有选定任何数据的情况下直接单击"图表"按钮

任务验收

任务验收评价表见表 3-13，可对节任务的学习情况进行评价。

表 3-13　任务验收评价表

任务评价指标				
序号	内容	自评	互评	教师评价
1	能够在移动端电子表格中对数据进行升序或降序排序			
2	能够在移动端电子表格中实现数据的筛选			
3	能够在移动端电子表格中使用函数进行计算			
4	能够在移动端电子表格中创建图表			

项目小结

在本项目实践中，利用 WPS 表格及其移动端应用程序，对日常工作中遇到的各种工作表数据进行处理和可视化展现，从而实现了数据资源的有效管理和高效利用。

在"任务 3.1　制作订单情况跟进表"中，运用数据有效性的设置以确保输入数据的准确性和一致性，并进行了数据查找与替换操作来修正或更新数据。同时，通过数据对比与分列功能，有效地清洗了冗余数据、拆分了复杂的数据结构，提高了数据管理效率。

在"任务 3.2　计算安全生产知识考核成绩表"中，运用日期函数精确计算员工工龄，运用文本函数提取指定字符串信息。同时，运用求和、求平均函数统计了每位员工的总分和平均分，并结合逻辑函数进行条件判断，利用统计函数对相关数据进行统计和

排名，为绩效评价提供了有力依据。

在"任务 3.3　简单分析销售情况表"中，运用数据排序和筛选功能，快速定位关键信息，如高销量产品和各种商品的销售情况等，从而协助决策者做出有针对性的策略调整。

在"任务 3.4　直观展示销售情况表"中，借助图表工具将销售数据转化为直观易懂的图表形式，包括创建和美化基础图表及构建组合图表，使得复杂的数据关系和趋势一目了然。

在"任务 3.5　阅读和保护数据表"中，使用千位分隔符提升数字显示清晰度，设置阅读模式和护眼模式以减轻视觉疲劳，采取保护工作表和工作簿措施保证数据安全，通过共享工作簿实现团队间协作共享。

在"任务 3.6　移动端实时数据处理与分析"中，在移动设备上进行数据排序、筛选、函数应用，并且快速生成图表，确保无论何时何地都能实时掌握和处理关键业务数据。

本项目不仅锻炼了读者在实际业务场景下的数据处理能力，而且提升了数据可视化的技巧，使读者能够更高效地完成各项数据处理和展示工作。

项目 *4*

云文档应用

WPS 云文档将传统的文档处理方式带入了云端环境，具有在线备份、多端同步、安全管理、分享管控、协同编辑等功能，构建了一种新的数字化办公生态，提供了灵活、高效、安全的文档管理和创作解决方案，极大提升了工作效率和数据的安全性。

本项目根据 WPS 办公应用职业技能等级标准（中级）的相关要求，讲解如何使用 WPS 云文档促进团队内部的沟通效率和优化工作流程，将 WPS 云文档的学习内容重构为两个实践任务，分别为完善更新科普文章和巧用云文档准备科普活动。

项目目标

> ### 知识目标
- 了解云文档的功能
- 了解云协作的功能
- 掌握查询云文档存放路径的方法

> ### 能力目标
- 能够打开云文档、查看历史版本
- 能够使用云协作进行全平台协同办公
- 能够将本地文档保存到云端
- 能够利用星标、固定到常用等功能标记云文档
- 能够在云文档中新建文件夹或文件
- 能够复制和移动云文档到其他文件夹
- 能够将云文档导出到本地

> ### 素养目标
- 合法合规使用云服务，增强信息安全意识、信息素养与社会责任意识
- 培养跨平台协同办公的能力，弘扬团结协作、互相支持的集体主义精神，提高团队合作效率及效果
- 掌握查询云文档存放路径的方法以及对云文档进行有效组织、标记和迁移，提升自我管理和资源规划能力，养成严谨细致的工作态度
- 利用云技术实现本地文档云端存储，倡导绿色环保的办公方式，减少纸质文件的使用，增强可持续发展观念和节能环保意识
- 理解文档修订的历史脉络，培养尊重知识积累和重视工作记录的文化价值观

项目导图

项目 4 的项目导图如图 4-1 所示。

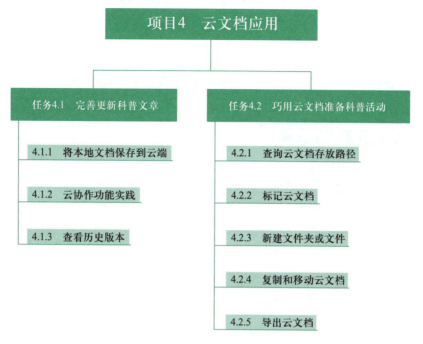

图 4-1　项目 4 的项目导图

任务 4.1　完善更新科普文章

🔍 任务情境

在中国科技创新不断发展的背景下，小欣所在的某科技媒体平台是一家专注于报道中国高新技术产业发展、科技成果推广以及科学知识普及的主流媒体。该平台积极响应国家号召，积极传播我国在信息技术领域尤其是芯片产业从无到有、自立自强的发展历程和重大成就，以激发公众对科技创新的关注与支持。近期，为庆祝某国产芯片企业取得关键性技术突破，该平台决定发布科普文章《中国芯路历程：从无到有，自主创新的科技强国之路》。这篇文章通过翔实的历史回顾，展现了我国半导体行业在艰苦条件下锐意进取，逐步实现核心技术自主可控的过程，旨在弘扬我国科技工作者的创新精神，彰显我国科技实力的不断提升。小欣作为负责该项目的一名实习编辑，需要利用 WPS 云文档这一协同办公工具，实现多端同步编辑，及时将目前最新的科技成果融入文章中，并确保团队成员之间能够无缝协作完成任务。

完善更新科普文章

4.1.1　将本地文档保存到云端

将本地文档保存到云端，一方面实现了文档的在线备份与同步，确保数据安全，避免因设备故障导致信息丢失；另一方面，可以在任何联网设备上实时访问和编辑同一份文档，极大地提升了跨平台协同办公的效率与便捷性。下面将"中国芯路历程 .docx"文档保存到云端，如图 4-2 所示。

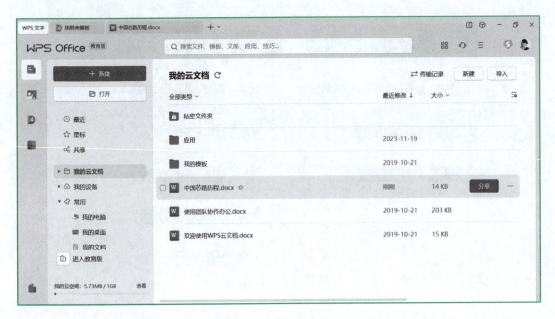

图 4-2　将本地文档保存到云端的效果

➤ **知识技能点**
- 将本地文档保存到云端

 **知识窗**

WPS 云文档

WPS 云文档是一款集成在 WPS Office 套装中的云端存储与协作平台，简化了传统文档传输、重定位和编辑的操作流程，构建了一个安全可靠、便捷高效的文档管理和协作环境，主要具备以下特点。

1. 跨设备同步

可以将本地创建或编辑的文档保存至云端，实现不同设备间的无缝访问和编辑，无论是在 PC、手机还是平板设备上，只要登录同一 WPS 账号，即可随时随地查看和处理文档，并且在开启"文档云同步"之后，可以将 WPS 打开的文档自动备份至云，便于完成其他设备未完成的文档，或从云端找回意外丢失的本机文件。

2. 多人实时协作

支持多人同时在线编辑一个文档，团队成员可即时查看彼此的修改和评论，可显著提高协同工作的效率，尤其适用于远程办公和团队项目管理。

3. 版本历史记录

自动保存并管理文档的所有历史版本，可以随时查看文档的历史编辑记录，并选择恢复到任意时间点的版本，以避免误操作带来的损失。

4. 文件分享与权限控制

能够一键生成超链接分享文档给他人，灵活设置共享范围、访问权限及有效期限，确保文档安全可控。

5. 团队空间与文件夹共享

允许创建团队和共享文件夹，团队内部成员可以共同查看和编辑共享文档，促进信息数据高效流转和协同创作。

➤ **任务实施**

方法 1：选择"文件"→"另存为"菜单命令，打开"另存为"对话框，在其中单击"我的云文档"→"保存"按钮，如图 4-3 所示，将文档保存到云端文件夹；如果是新建文档，也可选择"文件"→"保存"菜单命令来打开"另存为"对话框。

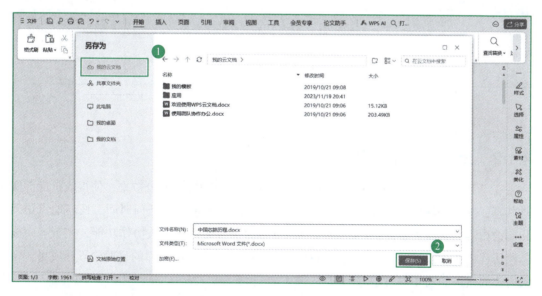

图 4-3　在"另存为"对话框中将文档保存到云端

方法 2：单击右上角的"云同步状态"按钮，打开"上传至云空间"对话框，文档位置默认保存至"我的云文档"，单击"立即上传"按钮，如图 4-4 所示。

方法 3：将光标停留在文档标题栏处，出现文件状态浮窗，单击其中的"上传至云空间"按钮，如图 4-5 所示，打开"上传至云空间"对话框，文档位置默认保存至"我的云文档"，单击"立即上传"按钮。

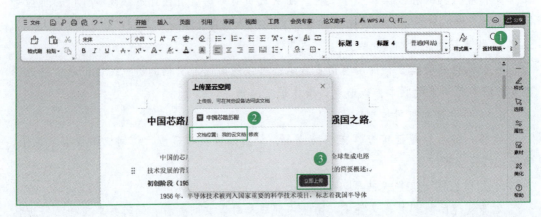

图 4-4　单击"立即上传"按钮上传到云端

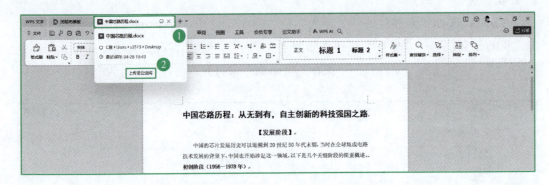

图 4-5　通过文件状态浮窗上传至云空间

4.1.2　云协作功能实践

在 WPS 云文档中，云协作功能极大提升了团队间的协同办公效率，使得成员能够实时共享、共同编辑同一份文档；通过该功能，团队成员可以在任何时间、任何地点访问和修改内容，实现无缝对接的工作流程。下面使用云文档的多人协作功能，完善《中国芯路历程：从无到有，自主创新的科技强国之路》，补充文档里面的重要阶段性成果，多人协作的效果如图 4-6 所示。

图 4-6 多人协作的效果

➢ **知识技能点**

● 云协作功能

 知识窗

WPS 云协作

WPS 云文档的多人协作功能允许多名用户同时访问同一份文档，并进行实时的查看和编辑。在 WPS 云文档平台上，无论是团队成员间共同起草报告、修订合同，还是教师与学生之间共同完善课件内容，都可以在同一份文档内实现无障碍协作。此功能支持多终端同步，用户可以在 PC、平板设备或手机等设备上随时随地参与协作，无须担心版本冲突问题，系统会自动保存每一次修改记录并提供版本管理功能，以便成员们随时查看和恢复文档的历史版本。此外，WPS 云文档还设置了权限控制系统，管理员可以自由分配每个成员的阅读、编辑权限，确保协作过程既高效又有序。这一功能极大地提高了团队工作的效率，打破了地理限制，促进远程办公环境下的紧密配合。

➤ **任务实施**

（1）开启多人协作模式

方法 1：单击"WPS 文字"按钮，在首页"我的云文档"界面，选中"中国芯路历程 .docx"文档，单击"分享"按钮，如图 4-7 所示，在"分享"对话框中开启"和他人一起编辑"功能，复制超链接，如图 4-8 所示，然后通过多种分享方式邀请团队成员参与协作。

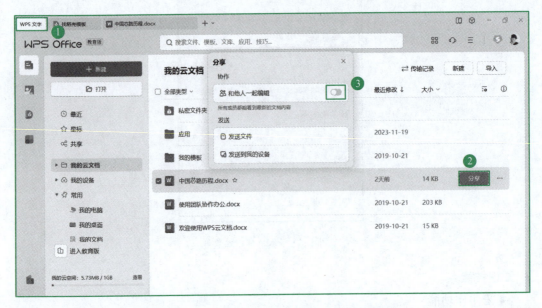

图 4-7　在首页"文档"界面中打开"分享"对话框

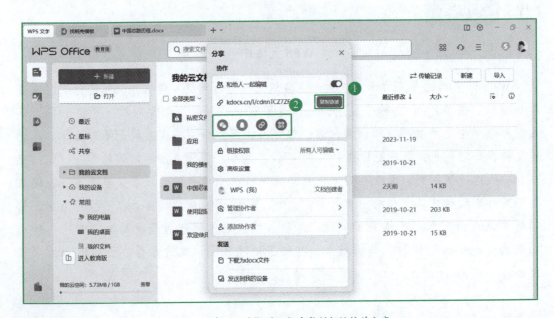

图 4-8　在"分享"对话框中复制超链接并分享

方法 2：单击文档界面右上角的"分享"按钮，如图 4-9 所示，在打开的"协作"对话框中开启"和他人一起编辑"功能，将超链接分享给他人即可邀请参与协作，进入协作模式，如图 4-10 所示。

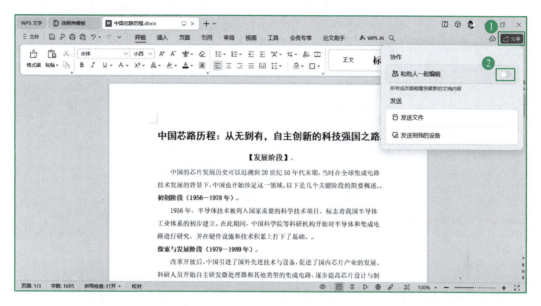

图 4-9　界面右上角"分享"按钮

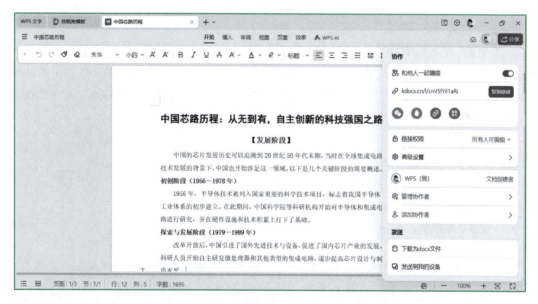

图 4-10　进入协作模式

（2）多人协作录入文本内容并设置文本格式

与团队成员接替分项录入重要阶段性成果文本内容，文本内容如图 4-11 所示，并将前面的概括性文本格式设置为"宋体""小四""加粗"；后面的描述性文本格式设置为"宋体""小四"。

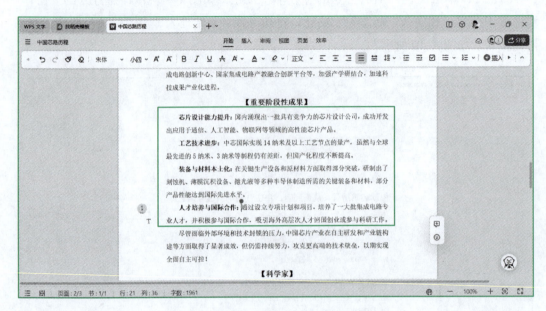

图 4-11　协作录入文本内容并设置格式

（3）删除文档中【科学家】版块中的所有文本

（4）保存文档

4.1.3　查看历史版本

在 WPS 云文档中查看历史版本，能够帮助用户随时追溯和恢复文档的各个编辑阶段，确保重要信息不丢失；同时，此功能支持对比不同版本之间的差异，有利于团队成员回顾修改过程、审核修订内容及协同决策。下面将"中国芯路历程 .docx"云文档恢复到删除【科学家】版块之前的历史版本。

➤ **知识技能点**

● 在 WPS 中查看历史版本

 **知识窗**

WPS 云文档的协作记录与历史版本功能

WPS 云文档的历史版本功能能够自动保存文档每次编辑后的状态，形成时间线式的版本记录。当在编辑文档时进行了内容的新增、修改或删除，系统会自动捕捉这些变化，并在云端存储不同版本的文档。通过这一功能，可以查看文档在任意时间节点上的具体内容，必要时可以快速恢复到先前的某个版本，避免了误操作导致的数据丢失或信息难以找回的问题。这对于团队协作尤其重要，每个成员的修改痕迹都能得以保留，有利于对比不同阶段的工作成果，确保项目进度的顺利推进和信息的完整追溯。

➤ **任务实施**

（1）查看历史版本

方法1：单击"WPS文字"按钮，在首页"我的云文档"界面，选中"中国芯路历程.docx"文档，单击右侧的"…"按钮，在弹出的快捷菜单中选择"历史版本"命令，如图4-12所示。

图4-12　通过"…"查看历史版本

方法2：单击"WPS文字"按钮，在首页"我的云文档"界面，右击"中国芯路历程.docx"文档，在弹出的快捷菜单中选择"历史版本"命令，如图4-13所示。

图4-13　通过快捷菜单查看历史版本

（2）恢复历史版本

单击所需恢复文档版本右侧的"..."按钮，在弹出的快捷菜单中选择"恢复到该版本"命令，如图4-14所示，在打开的对话框中单击"恢复"按钮，即可将文档恢复到想要的历史版本。

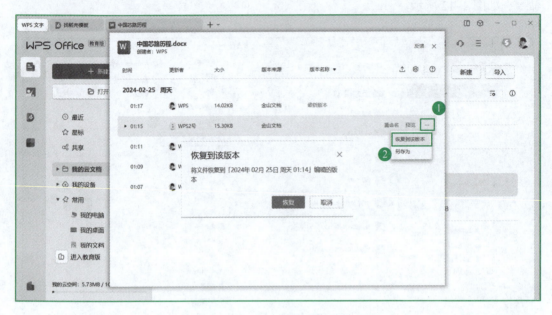

图4-14　恢复历史编辑保存的版本

（3）保存文档

职场透视

在职场环境中，将本地文档保存到云端、云协作以及查看历史版本等功能的应用对提升团队协作效率和保障企业信息资产安全起到了关键作用。将本地创建或编辑的文档即时同步保存至云端，不仅能够确保重要工作资料不受硬件故障、数据丢失等因素影响，提供稳定可靠的数据备份，而且极大地促进了移动办公的发展，能随时随地访问和更新最新文件版本，灵活应对现代职场的各种工作需求；全平台云协作功能打破了设备和地域限制，无论使用何种设备（如PC、手机或平板设备）都能实时在线共同编辑同一份文档，实现跨部门、跨地域的无缝对接，多人同时在线讨论、批注和修改极大地提升了协作速度，降低了传统文件传递方式带来的沟通滞后问题，有力地推动了项目的高效执行；查看历史版本功能能够在协同编辑过程中随时追溯文档的修订历程，有效避免因误操作或信息丢失带来的工作延误和错误，同时也保证了项目资料的安全性和完整性，为团队提供了透明化的管理工具，提高了决策准确性与沟通效率。

职业技能要求

职业技能要求见表4-1。

表 4-1　本任务对应 WPS 办公应用职业技能等级认证要求（中级）

工作任务	职业技能要求
云文档概述	① 了解云文档的功能，能够打开云文档、查看历史版本； ② 了解云协作的功能，能够使用云协作进行全平台协同办公； ③ 掌握本地文档保存到云端的常用方法

🔍 任务测试

一、单项选择题

1. 下列关于 WPS 云文档的说法正确的选项是（　　）。

　　A. 只能在 PC 端打开和编辑云文档

　　B. 仅支持单人在线编辑，不能多人协作

　　C. 自动保存的文档无法在手机或平板等移动设备上查看

　　D. 用户可以跨设备访问和编辑存储在云端的文档

2. 关于 WPS 云协作，以下描述体现了其核心价值的是（　　）。

　　A. 可以限制其他用户访问文档的时间段

　　B. 协作成员只能查看文档但不能编辑

　　C. 同一文档允许多位用户同时在线编辑

　　D. 团队成员只能下载文档到本地再上传以完成修订

3. 以下（　　）操作无法将本地创建的 WPS 文档保存到云文档中。

　　A. 登录 WPS 账号后，通过"云同步状态"按钮上传到云空间

　　B. 通过拖曳文件到 WPS 云文档界面

　　C. 登录 WPS 账号后，在保存文档时选择云盘作为保存位置

　　D. 需要先将文档发送到电子邮件，然后在云端邮件附件中下载到云文档

4. 在使用 WPS 云文档时，以下（　　）功能有助于恢复因误操作丢失的文档内容。

　　A. 文件备份

　　B. 文档搜索

　　C. 实时保存

　　D. 历史版本查看

二、多项选择题

1. 在使用 WPS 云文档时，下列（　　）操作是可行的。

　　A. 打开存储在云端的文档

　　B. 查看文档的历史版本记录

　　C. 在没有网络连接的情况下，无法打开云文档

　　D. 云文档只能在 Windows 平台上打开

2. 下列（　　）操作是将本地文档保存到 WPS 云文档的常用方法。

A. 登录 WPS 账号后，直接将本地文件拖曳到云文档界面

B. 在 WPS 软件内打开本地文档，通过"保存到云文档"功能上传

C. 通过电子邮件将本地文档发送到绑定的 WPS 邮箱，自动保存至云文档

D. 通过微信将本地文档发送到绑定的 WPS 公众号，自动保存至云文档

3. 关于 WPS 云协作功能，以下描述正确的是（　　　）。

A. 多人可以同时在线编辑同一份文档

B. 协作成员可以实时查看他人的编辑进度

C. 协作过程中产生的历史版本记录会被自动保存

D. 只有管理员有权决定谁能参与协作编辑

任务验收

任务验收评价表见表 4-2，可对本节任务的学习情况进行评价。

表 4-2　任务验收评价表

任务评价指标				
序号	内容	自评	互评	教师评价
1	能够将本地文档保存到云端			
2	能够使用云协作进行全平台协同办公			
3	能够打开云文档、查看历史版本			

任务 4.2　巧用云文档准备科普活动

巧用云文档

任务情境

某科技媒体平台积极响应国家关于科技创新与科学普及的倡议，致力于为广大公众揭示高新技术的神秘面纱，深入浅出地传播科技前沿知识，有力提升了国民的科学素养。为进一步拓宽科学普及的覆盖面与影响力，平台近期联手社区力量，共同策划了一场关于纳米材料技术的科普活动，介绍纳米材料技术如何改变传统制造业，推动工业转型升级。小欣所在的小组需要制作纳米材料技术的演示文稿，她需要使用 WPS 云文档来存储和分享项目相关的各种文件，确保团队成员都能轻松访问和协作，共同为推动纳米技术科普事业的发展做出贡献。

4.2.1　查询云文档存放路径

WPS 云文档作为一款集成在 WPS Office 套装中的在线协作工具，为团队协同办公提供了高效的解决方案。它利用云端存储技术，打破了地域与设备的限制，使得团队成员能够实时共享和编辑同一个文档，实现信息的即时同步更新。小欣已制作了"生活中的

纳米科技技术（初稿）.pptx"文档，需要告知团队成员新上传的初稿的具体位置，以便他们能够快速访问，如图 4-15 所示。

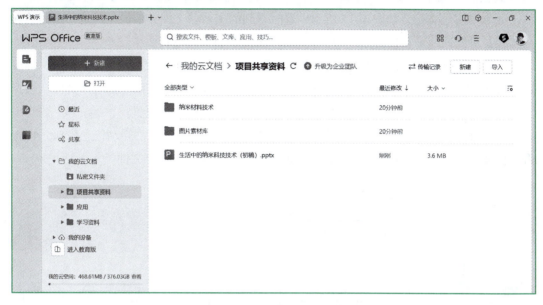

图 4-15　初稿存放路径

➤ **知识技能点**
- 查询云文档存放路径

 **知识窗**

云文档存放路径

　　云文档存放路径通常指的是存储在云服务中的文档在网络服务器上的具体地址，然而对于用户而言，直接查询到云文档在服务商服务器上的物理路径通常是不可见的，也不需要关心。

　　在 WPS 云文档中，用户不需要直接查找云文档在服务器上的具体路径，而是通过登录 WPS 账号，在"云文档"功能区查看和管理自己的文档，看到所有已上传的云文档和文件夹结构，这相当于是云文档的存放路径。在 WPS 云文档界面中，用户可以创建、上传、下载、移动和共享文档，文件会自动同步到 WPS 服务器，并在用户登录账号时自动从云端下载到本地缓存，便于访问和编辑。

➤ **任务实施**
　　（1）打开 WPS 组件
　　打开 WPS 文字、WPS 演示或 WPS 表格任一组件，本节中以 WPS 演示为例。

（2）查看文档路径

1）若云文档中文件较少，单击左上角"首页"→"我的云文档"按钮，在右侧"我的云文档"列表中，在"项目共享资料"文件夹里找到"生活中的纳米科技技术（初稿）.pptx"演示文稿，如图 4-15 所示，这时看到的文档和文件夹结构，就是云文档的存放路径，可知该演示文稿的路径为：我的云文档\项目共享资料。

2）若云文档中的文件较多，可在 WPS 搜索框中输入文件名或关键字"纳米"，并按 Enter 键，可找到"生活中的纳米科技技术（初稿）.pptx"演示文稿，右击该文件，选择"打开文件位置"，如图 4-16（a）所示，即可快速定位到该文件位置。

3）若该文件已打开，可将光标移动到文件的标题处，出现文件浮动信息窗口，可查看文件路径，如图 4-16（b）所示，再单击该路径则可快速找到该文件。

图 4-16　查询云文档存放路径

4.2.2　标记云文档

WPS 云文档提供了一个功能强大的文件共享平台，用户可以通过该功能与其他人共同访问和管理文件和文件夹，实现跨设备、跨地点的高效协作。小欣和团队成员在工作过程中，已在"项目共享资料"文件夹中上传很多资料，不便于其他成员访问，她想设置演示文稿初稿进行"星标"，且把"纳米材料技术"文件夹设置为"固定到常用"，以便能快速访问和管理。

➢ 知识技能点

- 星标云文档
- 固定到常用云文档

知识窗

标记云文档

利用星标、固定到常用等功能标记 WPS 云文档是为了方便用户对重要或常用的文档进行快速访问和管理。通过使用这些功能，用户可以将关键文档置于显眼位置，提高工作效率，节省查找和整理文件的时间，提高办公效率。

用户可以为重要或常用的文档添加星标，使其在文档列表中更加突出醒目。这样，在众多文档中，一眼就能识别出哪些优先级较高的文件。通过单击文档旁边的星标图标，可以轻松为文档添加或取消星标。

"固定到常用"功能可以将经常使用的文档固定在易于访问的位置，从而简化日常的工作流程，提高办公效率。当设置为"固定到常用"后，在打开 WPS 云文档时，重要的文件和文件夹会直接显示在显眼的位置，方便用户快速访问。

> ➤ **任务实施**

（1）星标云文档

选择"生活中的纳米科技技术（初稿）.pptx"文档，单击文档旁边的星标图标，为文档添加星标，如图 4-17 所示。

图 4-17 星标云文档

（2）固定到常用云文档

找到并选择要设置固定到"常用"的文件夹"纳米材料技术"文档，单击文件夹右侧的"…"按钮，在打开的菜单中选择"固定到'常用'"命令，如图 4-18 所示，该文件夹就被固定到"常用"的位置，如图 4-19 所示。

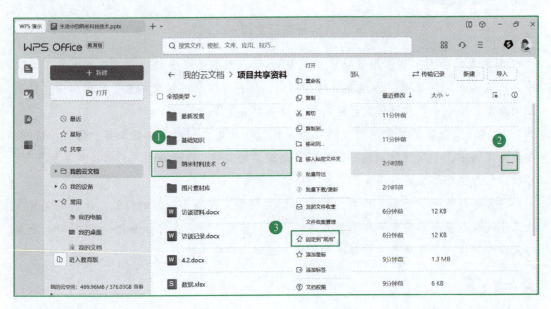

图 4-18　设置云文档"固定到常用"

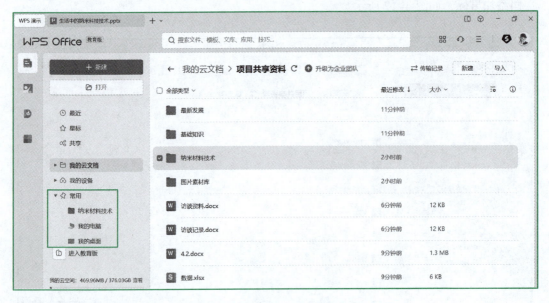

图 4-19　云文档被固定到常用位置

4.2.3　新建文件夹或文件

在负责筹划"纳米材料技术"科普活动的过程中，小欣深知有序管理各类素材资料的重要性，她充分利用 WPS 云文档的功能，在"纳米材料技术"文件夹中，新建了多个主题鲜明的文件夹，如"高清图片集""相关视频资料"及"参考文献库"等，以便将纷繁复杂的各类素材精准归类、妥善保管，确保活动筹备工作井井有条。与此同时，为了确保科普活动当天的各个环节流畅衔接，小欣也在云文档中创建了一份名为"当天流程.docx"的 WPS 文档，以便与团队成员共同研讨、完善活动的具体执行方案，明确任务分工。小欣不仅巧妙运用了 WPS 云文档的高效协作功能，更为科普活动的成功举办奠定了坚实的基础。

➤ **知识技能点**

- 新建文件夹
- 新建文件

 知识窗

在云文档中新建文件夹或文件

　　用户无须在本地磁盘上创建文件或文件夹，可以直接在 WPS 云文档中进行操作，无论在何种联网设备上登录 WPS 云文档，都能随时创建和编辑文件，大大提升了文件管理与使用的灵活性。新建的文件或文件夹会自动保存到云文档中，任何修改都会同步到所有已登录的设备，确保数据的安全性和一致性。

　　在 WPS 云文档中，用户可以方便地新建多级文件夹，按照项目、类别或时间顺序对文件进行分类管理，使得大量文档井然有序，方便后续查找和调用。团队成员可以共享文件夹，实现多人在线协同编辑同一份文档，可以提高工作效率，减少沟通成本。WPS 云文档还会自动保存文档的历史版本，若需要恢复至之前的某一版本，只需在文档详情页选择相应的历史版本即可，无须担心误操作导致信息丢失。

➤ **任务实施**

　　（1）新建文件夹

　　登录 WPS 云文档账号，进入"纳米材料技术"文件夹中。单击右侧的"新建"→"文件夹"命令，在文件夹左侧的文本框中输入"高清图片集"，文件夹"高清图片集"就创建成功，并会在当前目录下显示。采用同样的方法新建其他文件夹，如图 4-20 所示。

　　（2）新建文件

　　登录 WPS 云文档账号，进入"纳米材料技术"文件夹中。单击右侧的"新建"按钮，选择新建文件的类型，这里选择"文字"，在 WPS 文字右侧的文本框中输入"当天流程"，如图 4-21 所示，文件夹"当天流程.docx"就创建成功，并会在当前目录下显示。

图 4-20　新建文件夹

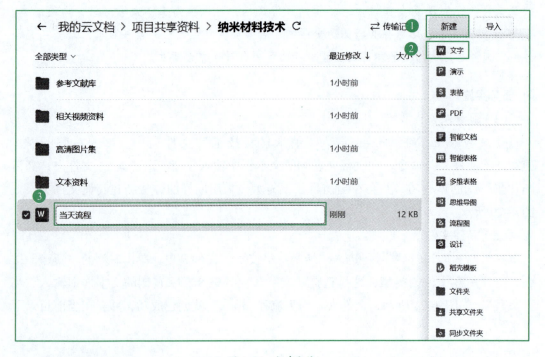

图 4-21　新建文件

4.2.4　复制和移动云文档

在完成高清图片整理后，小欣力求实现对图片资源的精细化管理，以便团队成员及其他相关人员能够更直观地了解和感知纳米技术在不同领域的应用。她利用 WPS 云文档的复制和移动功能，将图片按照各自领域逐一归类。她将有关纳米材料在纺织行业应用的图片移至"纺织"文件夹内，将揭示纳米材料技术在医药领域突破性应用的图片放在"医药"文件夹，并系统梳理和分类存储图片资源，不仅确保了团队成员能迅速获取所需信息，也为即将开展的"纳米材料技术"科普活动增添了直观生动的视觉素材。

➤ **知识技能点**

- 移动云文档
- 复制云文档

知识窗

复制和移动云文档到其他文件夹

将云文档移动到不同的文件夹中，用户可以更有效地组织文件，使其更加有序，有助于快速找到所需的文档，提高工作效率。复制云文档到其他文件夹，用户可以创建文档的额外备份，有助于防止数据丢失并提高数据安全性。

当文档数量增多时，复制或移动云文档到其他文件夹，调整文件结构，合理的文件管理可以减少混淆情况的发生，帮助用户清晰地区分不同项目或类别的文档，从而提高工作效率。

➤ **任务实施**

移动云文档到其他文件夹的具体方法为：选中要移动的图片，如"医药 4.jpg"，单击右侧的"…"按钮，在打开的菜单中选择"移动到"命令，在打开的"移动到"对话框中选择"医药"文件夹的正确路径，单击"移动"按钮，如图 4-22 所示。

(a)　　　　　　　　　　　　　　　　　(b)

图 4-22　移动图片到"医药"文件夹

4.2.5　导出云文档

小欣在修改"生活中的纳米科技技术（初稿）.pptx"时，意识到有必要添加一些相关的图片素材以丰富内容。这些图片已存储在 WPS 云文档中，为了能在本地的 PPT 文件中插入这些图片，小欣决定将图片从云文档导出到她的个人计算机。

➤ **知识技能点**

- ● 导出云文档

知识窗

导出云文档

WPS 云文档将数据存储在云端，用户可以在任何有网络的地方，通过不同的设备访问自己的文档，导出到本地设备，以备使用，为用户提供了极大的便利性。

➤ **任务实施**

选中要导出的图片"服装 3.jpg"，单击右侧的"…"按钮，在打开的菜单中选择"导出"命令，如图 4-23 所示，在打开的"请选择文件夹"对话框中，选择存放"服装 3.jpg"的本地文件夹"纳米材料技术"，单击"保存"按钮。

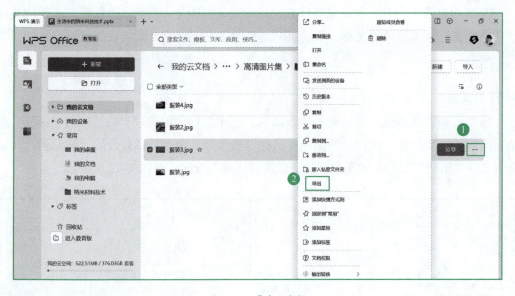

图 4-23　导出云文档

🔍 职场透视

WPS 云文档优化了文档的管理和协作流程。用户不仅可以查询云文档在云端的存放路径，确保随时掌握文档资源的位置，还能通过运用星标标记或将其固定到常用文件夹的功能，高效地对重要文件进行优先级排序与快速定位。同时，WPS 云文档为用户提供了便捷的操作体验，使用户在云端直接新建文件夹或文件，从而实现文档的有序分类与整合。此外，对于需要在不同场景下使用的工作资料，可轻松复制和移动云文档至其他文件夹中，以适应项目变化或团队分工的需求。WPS 云文档还支持一键导出至本地硬盘，无论在网络环境受限的情况还是为了长期存档的目的，都能确保文档的安全性和可移植性。这些功能共同助力提升职场人士的工作效率与协同水平。

职业技能要求

职业技能要求见表 4-3。

表 4-3 本任务对应 WPS 办公应用职业技能等级认证要求（中级）

工作任务	职业技能要求
云文档的基础操作	① 能够查询云文档存放路径； ② 能够利用星标、固定到常用等功能标记云文档； ③ 能够在云文档中新建文件夹或文件； ④ 能够复制和移动云文档到其他文件夹； ⑤ 能将云文档导出到本地

任务测试

一、单项选择题

1. 在 WPS 云文档中，能突出显示重要的文档以便快速访问的是（   ）。
   A. 将文档放入特定的"重要文件"文件夹
   B. 使用搜索功能输入文档的关键字搜索
   C. 在文档列表中给文档添加星标或固定到常用区域
   D. 创建自定义标签并将文档归类到该标签下

2. 能在 WPS 云文档中组织文档以便更好地管理和查找的是（   ）。
   A. 只能通过更改文档标题来区分不同的文档
   B. 可以在云文档中创建新的文件夹来分类存放文档
   C. 通过文档备注功能添加详细描述来辅助查找
   D. 使用筛选器按照创建日期或修改日期排序文档

3. 若要将 WPS 云文档保存到本地计算机硬盘上，具体操作为（   ）。
   A. 通过 WPS 微信公众号直接下载文档
   B. 在 WPS 客户端中登录账号，选择文档并导出至本地
   C. 通过邮件将文档作为附件发送给自己，然后下载附件
   D. 使用云同步功能自动同步所有云文档到本地指定目录

4. 在 WPS 云文档中，下列关于能否在线创建新文件并实时保存在云端的说法正确的是（   ）。

A. 不可以，只能先在本地创建再上传至云端

B. 可以，只需在 WPS 云文档界面单击"新建"按钮即可创建并自动保存至云端

C. 只能在移动端应用上在线创建新文件

D. 只有购买高级会员才能在线创建云文档

5. 下列关于 WPS 云文档是否支持多人协作编辑同一份文档的说法正确的是（   ）。

A. 不支持，只有一个人可以编辑云文档

B. 支持，但需要共享文件给其他人，并且所有协作者必须在同一时间在线编辑

C. 支持，多个用户可以同时编辑同一份云文档，并可查看实时编辑记录

D. 支持，但仅限于企业版用户使用此功能

二、多项选择题

1. 在 WPS 云文档中，用户可以执行以下（   ）操作以优化文档管理。

A. 在云文档中创建新的文件夹来分类存储文档

B. 使用复制 / 移动功能将云文档转移到其他文件夹

C. 将星标应用于云文档，以便快速访问关键文档

D. 将云文档导出到本地磁盘进行离线访问或备份

2. 在使用 WPS 云文档时，以下（   ）操作有助于提升文档的便捷访问和分类整理。

A. 为重要文档设置星标

B. 将文档固定到常用文件夹

C. 在云文档中创建新的文件夹

D. 将云文档下载到本地磁盘

🔍 任务验收

任务验收评价表见表 4-4，可对本节任务的学习情况进行评价。

表 4-4　任务验收评价表

任务评价指标				
序号	内容	自评	互评	教师评价
1	能够查询云文档存放路径			
2	能够标记云文档			
3	能够在云文档中新建文件夹或文件			
4	能够复制和移动云文档			
5	能够将云文档导出到本地			

项目小结

　　WPS 云文档不仅能够便捷地将本地创建或编辑的文档同步存储至云端，实现跨设备访问和备份，而且还能充分利用云协作功能，在 Windows、macOS、移动端等各种平台上实现实时协同办公，多人同时编辑同一份文档，显著减少沟通成本并提高工作效率。借助 WPS 云文档的强大功能，职场人士可以随时从任何设备打开并查看文档的最新状态，甚至追溯查阅以往的历史版本，以满足版本管理和回溯需求。同时，用户能够清晰查询和管理云文档的存放路径，利用诸如星标、固定到常用文件夹等实用工具，对重要文档进行有效标识和快速访问。此外，WPS 云文档服务允许用户直接在云端创建新的文件夹结构及各类文档，便于组织和归类工作资料。对于已存储的云文档，用户可灵活操作，如同在本地磁盘一样进行复制、移动文档至不同的文件夹内，以适应项目进展和团队分工的变化。为了满足线下使用或与其他非云端系统对接的需求，还可以轻松地将云文档下载或导出到本地硬盘，确保数据的安全性和多途径可用性。

参考文献

［1］教育部考试中心. 全国计算机等级考试一级教程——计算机基础及 WPS Office 应用［M］. 北京：高等教育出版社，2022.

［2］毛书朋，冯曼，赵娜，等. WPS 办公应用（中级）［M］. 北京：高等教育出版社，2021.

［3］徐维祥. 信息技术［M］. 北京：高等教育出版社，2023.

［4］赖利君. Office 2016 办公软件案例教程（微课版）［M］. 北京：人民邮电出版社，2021.

［5］凤凰高新教育. WPS Office 高效办公：数据处理与分析［M］. 北京：北京大学出版社，2023.

［6］田启明. WPS 办公应用（中级）［M］. 北京：电子工业出版社，2023.

［7］WPS 学堂. 不一样的 WPS：职场办公第一课［M］. 北京：电子工业出版社，2022.

［8］精英资讯. Word/Excel/PPT 2019 从入门到精通（微课视频版）［M］. 北京：中国水利水电出版社，2021.

郑重声明

高等教育出版社依法对本书享有专有出版权。任何未经许可的复制、销售行为均违反《中华人民共和国著作权法》，其行为人将承担相应的民事责任和行政责任；构成犯罪的，将被依法追究刑事责任。为了维护市场秩序，保护读者的合法权益，避免读者误用盗版书造成不良后果，我社将配合行政执法部门和司法机关对违法犯罪的单位和个人进行严厉打击。社会各界人士如发现上述侵权行为，希望及时举报，我社将奖励举报有功人员。

反盗版举报电话　（010）58581999　58582371

反盗版举报邮箱　dd@hep.com.cn

通信地址　北京市西城区德外大街 4 号　高等教育出版社知识产权与法律事务部

邮政编码　100120

读者意见反馈

为收集对教材的意见建议，进一步完善教材编写并做好服务工作，读者可将对本教材的意见建议通过如下渠道反馈至我社。

咨询电话　400-810-0598

反馈邮箱　gjdzfwb@pub.hep.cn

通信地址　北京市朝阳区惠新东街 4 号富盛大厦 1 座
　　　　　高等教育出版社总编辑办公室

邮政编码　100029

资源服务提示

授课教师如需获得本书配套的授课用 PPT、案例素材等教学资源，请登录"高等教育出版社产品信息检索系统"（xuanshu.hep.com.cn）搜索下载，首次使用本系统的用户，请先进行注册并完成教师资格认证。